世界战车
WORLD FIGHTING VEHICLES

罗 兴 编著

坦克一

吉林美术出版社 | 全国百佳图书出版单位

前　言

　　火药的诞生推动了战斗武器从冷兵器向热兵器转变，火枪与火炮成为早期热兵器的代表。由于热兵器的高杀伤力，人们开始设计能防弹的装甲。最早的装甲车原型见于文艺复兴时期的达·芬奇手稿，但因技术限制未投入使用，直到工业革命后内燃机的出现才为装甲车提供了动力。1914年第一次世界大战爆发，英军为突破堑壕首次使用了装甲车辆"Mark I"，即坦克。

　　20世纪30年代，由于注重机动性的轻型坦克在战斗中表现一般，欧美各国逐渐将坦克的设计转向注重机动和火力的中型坦克，及注重防护和火力的重型坦克。第二次世界大战期间，德国的坦克闪击战策略帮助德军有效占领了欧洲多国。1941年，德国入侵苏联，双方在东线的坦克战推动了坦克技术的飞速发展。战后，欧美各国整合战时的经验和技术，发展出了集火力、装甲和机动性于一体的初代主战坦克。

　　现代主战坦克除了传统的火力、防护与机动性，还整合了信息化和自动化技术。例如，火控系统能快速进行观测、索敌、瞄准、测距并修正弹道；主动拦截系统则能自动侦测并拦截来袭的破甲弹和导弹，提升防御能力。然而，随着无人技术和人工智能的发展，今天的主战坦克面临新的挑战，未来可能走向更多的无人化。这是军事技术发展中的一个重要课题。

目 录

达·芬奇的"设想" / 001
装甲列车 / 003
凶猛的机枪与坦克的诞生 / 004
"水柜"系列坦克 / 006
雷诺 FT17 轻型坦克 / 012
T-18 轻型坦克 / 016
BT-5 轻型坦克 / 018
T-26 轻型坦克 / 020
T-26 轻型坦克 1938 型 / 022
T-28 中型坦克 / 024
35（t）轻型坦克 / 026
二号坦克 / 028
三号坦克 / 032
九五式轻型坦克 / 038
雷诺 D1 轻型坦克 / 040
T-35 重型坦克 / 042
BT-7 轻型坦克 / 044
38（t）轻型坦克 / 050
M3 轻型坦克 / 052
M3 中型坦克 / 058
B1 重型坦克 / 060
T-50 轻型坦克 / 064
Mk II "玛蒂尔达"坦克 / 066
KV-1 重型坦克 / 070

KV-2 重型坦克 / 072
九七式中型坦克 / 074
雷诺 R-35 轻型坦克 / 076
索玛 S-35 中型坦克 / 078
一号坦克 F 型 / 080
火力、防护与机动性—坦克三大性能 / 084
第二次世界大战转折点——斯大林格勒会战 / 091
T-34/76 中型坦克 / 092
四号坦克 / 096
T-34/76 中型坦克 1942/43 年型 / 102
库尔斯克会战——装甲战车的首次大规模交锋 / 106
四号坦克 J 型 / 108
豹式中型坦克 / 110
虎式重型坦克 / 116
T-34/85 中型坦克 / 122
豹 II 中型坦克 / 130
IS-2 重型坦克 / 136

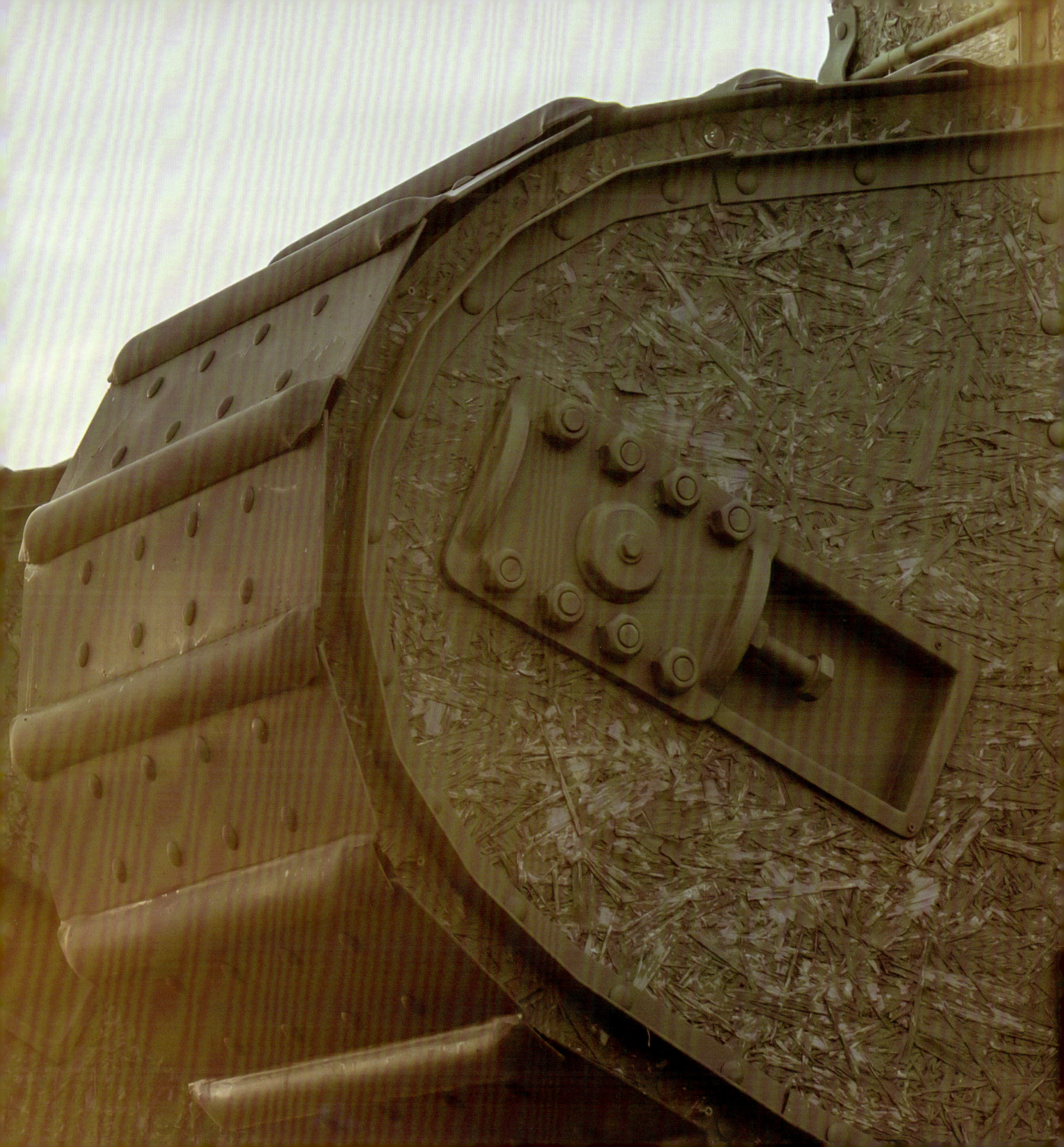

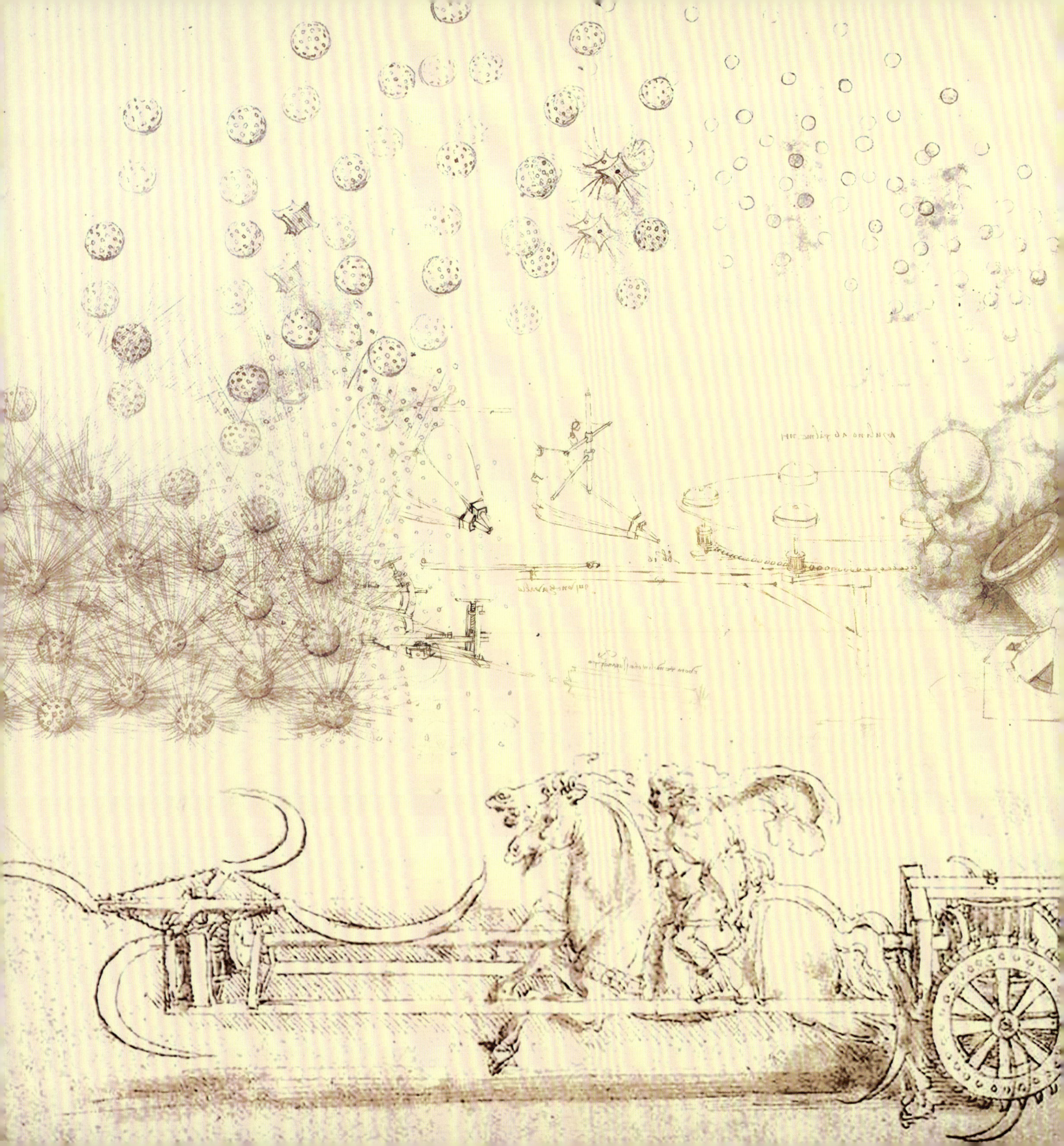

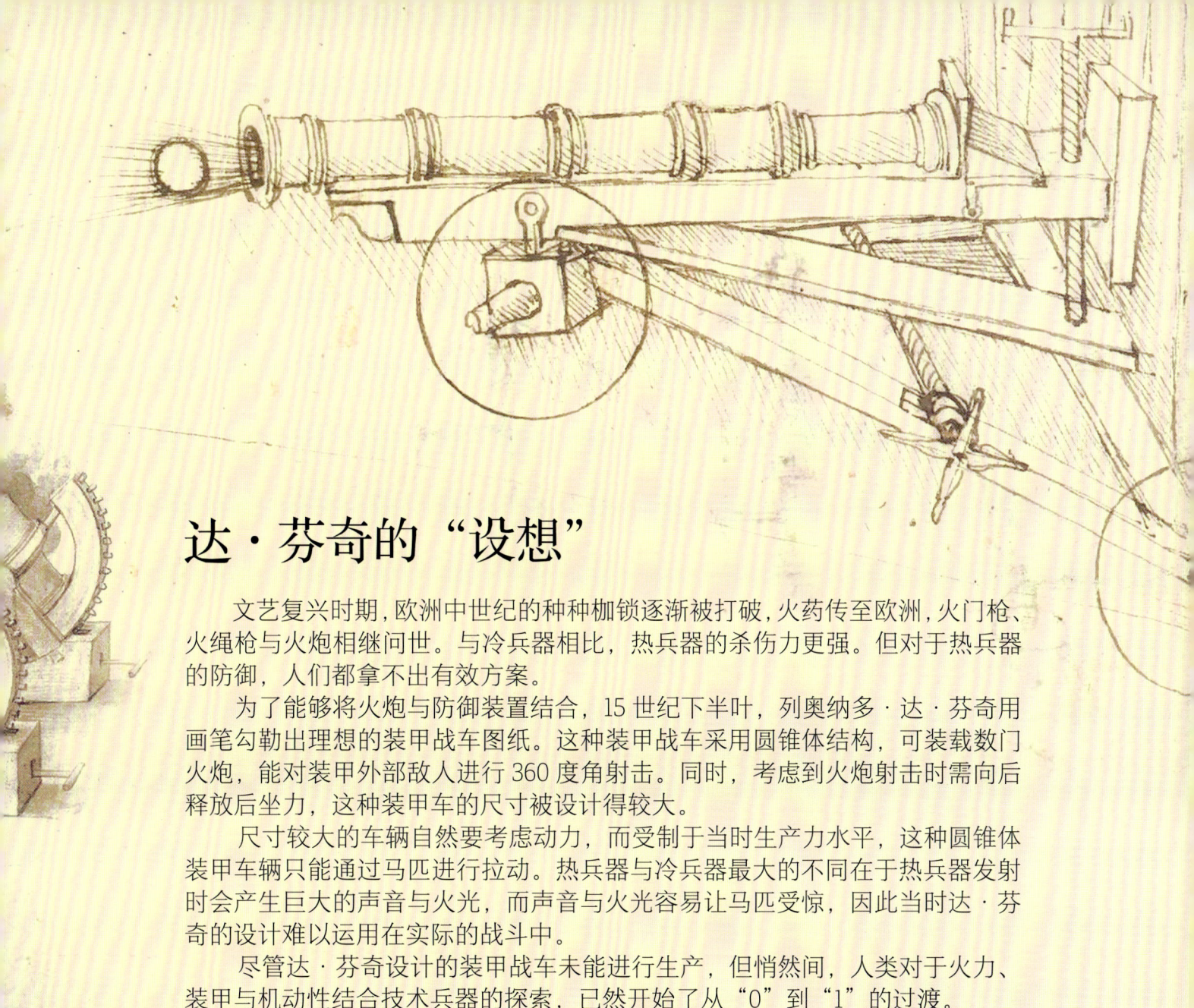

达·芬奇的"设想"

文艺复兴时期，欧洲中世纪的种种枷锁逐渐被打破，火药传至欧洲，火门枪、火绳枪与火炮相继问世。与冷兵器相比，热兵器的杀伤力更强。但对于热兵器的防御，人们都拿不出有效方案。

为了能够将火炮与防御装置结合，15世纪下半叶，列奥纳多·达·芬奇用画笔勾勒出理想的装甲战车图纸。这种装甲战车采用圆锥体结构，可装载数门火炮，能对装甲外部敌人进行360度角射击。同时，考虑到火炮射击时需向后释放后坐力，这种装甲车的尺寸被设计得较大。

尺寸较大的车辆自然要考虑动力，而受制于当时生产力水平，这种圆锥体装甲车辆只能通过马匹进行拉动。热兵器与冷兵器最大的不同在于热兵器发射时会产生巨大的声音与火光，而声音与火光容易让马匹受惊，因此当时达·芬奇的设计难以运用在实际的战斗中。

尽管达·芬奇设计的装甲战车未能进行生产，但悄然间，人类对于火力、装甲与机动性结合技术兵器的探索，已然开始了从"0"到"1"的过渡。

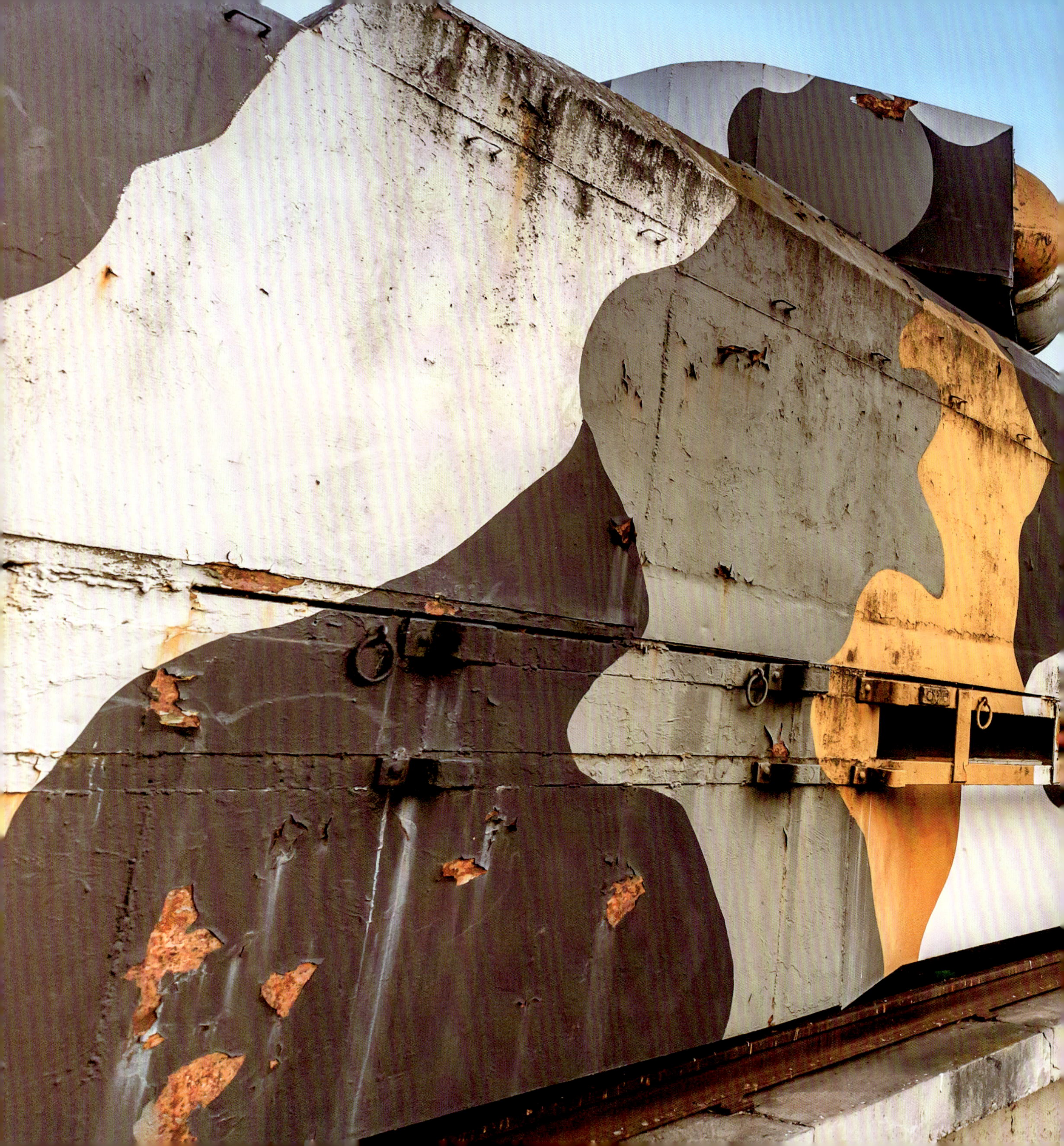

装甲列车

　　18世纪60年代到20世纪初，如火如荼的工业革命为装甲战车的机动性问题的解决提供了技术基础，无论是改良的蒸汽机被普遍使用，还是内燃机的诞生，使得火炮与装甲结合的技术兵器的动力来源可以从机械动力入手，不再局限于马匹等动物。

　　首先诞生的是装甲列车，于19世纪60年代初期投入使用。装甲列车通常由一台装甲蒸汽机车与两节以上的装甲车厢组成，搭载火炮与机枪等武器，能够对铁路沿线的目标进行打击，或直接支援附近进行作战的步兵。

　　当然，基于铁路系统进行作战的装甲列车也有着很大的局限性，最主要的局限在于列车对铁路的"依赖"。如果没有铁路轨道，列车就无法移动，敌军败退则无法追击，敌军占据优势时也只能沿着铁路撤退；若敌军提前将铁路破坏，那么装甲列车就只能落得被击毁或被俘获的结果。

凶猛的机枪与坦克的诞生

在滑膛枪的时代,战争主要通过线列步兵战术进行展开。机枪的诞生提高了热兵器的火力密度与持续性,因此 1914 年爆发的第一次世界大战以堑壕战为主展开。机枪通常发射步枪弹,这种枪弹在命中人体后会对肌肉组织或对骨骼造成直接伤害,使人体直接丧失作战能力。因此步兵全然无法抵挡机枪火力,往往冲锋的人数越多,阵亡与重伤的人数就越多(人海战术正式退出历史舞台)。

战争的需求总是推动武器的发展,为了让步兵突破堑壕,英国于 1916 年将一种结合了装甲、火炮与机械动力的技术兵器投入使用,这种兵器名为"Mark I"。Mark I 坦克是第一款投入实战的装甲战车,完成了装甲战车从"0"到"1"的跨越。

当然,作为第一款量产并投入战场使用的坦克,Mark I 坦克缺乏独立悬挂系统,可靠性不佳,内部操作环境恶劣,因此被英军士兵"差评"连连。为此,英国对 Mark I 坦克进行了改进,推出了 Mark II、Mark III、Mark IV 与 Mark V 等升级型号。

面对使用坦克突破堑壕的英军,德国也紧急研制出 A7V 坦克,并于 1917 年 10 月开始量产,1918 年 3 月投入使用。

第一次世界大战于 1918 年 11 月结束,在一战期间坦克与坦克之间的对决极少发生,并未爆发大规模坦克会战。

虽然存在着许多亟待克服的缺点,但火炮、装甲与机械动力结合的武器——坦克,依然成为一战后各工业国家争相研究和发展的方向。

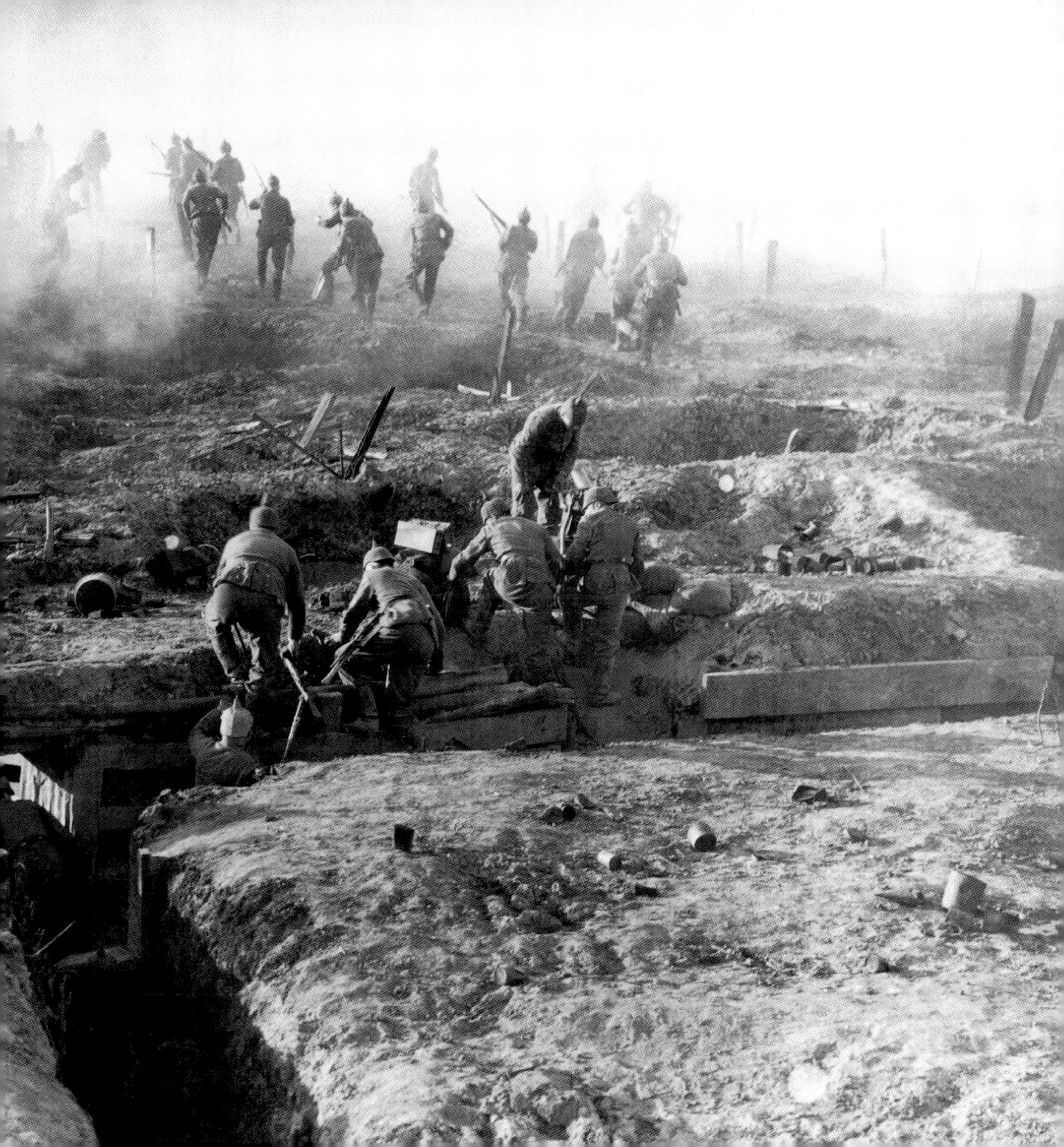

"水柜"系列坦克

"水柜"坦克是英国在第一次世界大战中投入使用的系列菱形坦克,主要型号有 Mk I 型、Mk II 型、Mk III 型、Mk IV 型与 Mk V 型等。"水柜"坦克通常被分为"雄性"与"雌性"坦克,"雄性"搭载火炮与机枪,"雌性"只搭载机枪。其中,Mk V 型坦克于一战后期诞生,是"水柜"系列坦克中性能较为完善的型号。

坦 克（一） 007

尺　　寸：	长 8.05 米，宽 4.11 米，高 2.64 米
重　　量：	29000 千克（雄性），28000 千克（雌性）
乘　　员：	8 人
续航里程：	72 千米
装甲厚度：	6~14 毫米
武器配置：	两门 6 磅炮，四挺维克斯机枪（雄性）；四挺维克斯机枪（雌性）
动力装置：	一台 150 马力（1 马力 =735.499 瓦特）里卡多汽油机
行驶速度：	最大公路速度 7.4 千米 / 小时
产　　地：	英国

008 世界战车 World Fighting Vehicles

坦 克（一）

- 由于第一次世界大战的主要战斗形式为堑壕战，同时机枪在战场上得到大规模应用，面对由机枪交叉火力所防守的堑壕，使用手动步枪的步兵通常难以突破。为此，英国人首先研制出了这种"身披铁甲"的大型战车，以帮助步兵突破堑壕。一战中，"水柜"系列坦克主要被英军、美军当作移动堡垒与火力平台使用。

世界战车 World Fighting Vehicles

- 第一次世界大战结束后,"水柜"系列坦克被改装为扫雷坦克与架桥工程坦克使用。值得一提的是,Mk V 坦克被加拿大军队使用至 20 世纪 30 年代初。

坦 克（一） 011

雷诺 FT17 轻型坦克

雷诺 FT17 轻型坦克是法国在第一次世界大战中投入使用的轻型坦克型号，这款坦克首次采用了炮塔安装在车体顶部的结构设计，同时炮塔能够进行 360 度旋转，这样的坦克布局设计一直被沿用至现代坦克中。FT17 轻型坦克在第一次世界大战中被法国军队大量装备，总数量超过 3000 辆，但由于在设计时没有考虑保养和维护，因此在战斗中经常"趴窝"。由此可见，实际战场情况并非纸面数据，因此武器设计人员需要掌握实际战场情况。

坦 克（一） 013

尺　　寸：	长 5 米，宽 1.71 米，高 2.13 米
重　　量：	6600 千克
乘　　员：	2 人
续航里程：	35.4 千米
装甲厚度：	6~22 毫米
武器配置：	一门 37 毫米火炮或一挺机枪
动力装置：	一台 35 马力雷诺 4 缸汽油发动机
行驶速度：	最大公路速度 7.7 千米 / 小时
产　　地：	法国

014 世界战车 World Fighting Vehicles

● 雷诺 FT17 轻型坦克在第二次世界大战中仍有使用。德军侵占法国全境后，缴获一批雷诺 FT17 轻型坦克。当德军在东线战场面对苏军的攻势节节失利时，英、美军队也在诺曼底成功登陆并快速推进。为了延缓英、美军队的攻势，一部分缴获的雷诺 FT17 轻型坦克被德军投入巴黎的巷战中，但由于技术过时，并未在战斗中发挥什么作用。

坦 克（一） 015

T-18 轻型坦克

T-18 轻型坦克是苏联自主设计的一款轻型坦克型号,这款坦克以法国雷诺 FT17 轻型坦克为蓝本改进而成,因此沿用了经典的车体顶部安装旋转炮塔的布局设计。1927 年 6 月,T-18 轻型坦克定型,次年被苏军采用,并由列宁格勒布尔什维克工厂进行生产。

坦 克（一） 017

- 重　　量：4760 千克
- 乘　　员：2 人
- 装甲厚度：16 毫米
- 武器配置：一门 37 毫米火炮，一挺机枪
- 行驶速度：32 千米 / 小时
- 产　　地：苏联

BT-5 轻型坦克

BT-5 轻型坦克是苏联在 20 世纪 30 年代初研制的一款轻型坦克型号,其命名中的"BT"为俄文"Быстроходный танк"罗马化后"Bystrokhodny Tank"的缩写,可译为"快速移动坦克"或"高速坦克"。BT-5 轻型坦克的最大公路速度为每小时 72 千米,有着良好的机动性,适合快速部署与机动。

坦 克（一）

- 除装备苏军外，BT-5 轻型坦克也在 20 世纪 30 年代的西班牙内战中登场，主要装备西班牙第二共和国政府军、人民阵线与国际纵队。此外，少量的 BT-5 轻型坦克也被当时的中国军队所装备。

尺　　寸：	长 5.58 米，宽 2.23 米，高 2.25 米
重　　量：	11500 千克
乘　　员：	3 人
续航里程：	200 千米
装甲厚度：	6~13 毫米
武器配备：	一门 45 毫米火炮，一挺 7.62 毫米机枪
动力装置：	一台 400 马力 M-5 汽油发动机
行驶速度：	72 千米 / 小时
产　　地：	苏联

T-26 轻型坦克

T-26轻型坦克是苏联在1931年由列宁格勒布尔什维克工厂生产的一款轻型坦克,这款轻型坦克在20世纪30年代应用广泛,总产量超过11000辆,衍生型多达53种,其中包括喷火坦克、自行火炮、装甲车、遥控坦克等等。作为一款轻型坦克,T-26轻型坦克能够有效阻挡机枪或步枪枪弹的直射,45毫米火炮能够对人员或轻装甲目标进行杀伤。当时轻型坦克被各国广泛使用,直到反坦克火炮普及后,轻装甲坦克的劣势才暴露出来。

坦 克（一） 021

尺　　寸：	长 4.65 米，宽 2.44 米，高 2.24 米
重　　量：	9600 千克
乘　　员：	3 人
续航里程：	140 千米（公路），80 千米（越野）
装甲厚度：	15 毫米
武器配备：	一门 45 毫米火炮，一挺 7.62 毫米机枪
动力装置：	一台 4 缸风冷汽油发动机
产　　地：	苏联

T-26 轻型坦克 1938 型

T-26 轻型坦克 1938 型更换了新型炮塔，这种炮塔采用倾斜装甲设计。相比于垂直炮塔，倾斜炮塔有着更好的抗弹性，这是由于炮弹在击中角度倾斜的装甲时有可能被弹开，这种现象称为"跳弹"。除此之外，T-26 轻型坦克 1938 型的油箱容量也得到增加，公路续航里程增至 240 千米，越野续航里程增至 140 千米。

坦 克（一）

● 面对能够穿透一定装甲厚度的火炮，垂直装甲产生跳弹的可能性较低，更容易被穿透。

T-28 中型坦克

T-28 中型坦克是苏联受英国与德国坦克设计的启发，研制的一款主炮塔前部下方具有两个辅助机枪塔的中型坦克型号。T-28 中型坦克具有多种型号与变型车，比如炮塔与正面装甲加厚的 T-28C，或者搭载无线电通信设备的 T-28V。T-28 中型坦克原型车于 1931 年完成，使用 45 毫米火炮作为主要武器。而到了 1932 年的量产型时，火炮更换为 76.2 毫米火炮，威力更大，杀伤力更强。

尺　　寸：	长 7.44 米，宽 2.81 米，高 2.82 米
重　　量：	28509 千克
乘　　员：	5~6 人
续航里程：	220 千米
武器配备：	一门 76.2 毫米火炮，4 挺或 5 挺 7.62 毫米机枪
动力装置：	一台 M-17 V-12 汽油发动机，功率 500 马力
机动性能：	最大公路速度 37 千米 / 小时，过垂直墙高 1.04 米，越壕宽 2.9 米
产　　地：	苏联

坦　克（一） 025

35（t）轻型坦克

35（t）坦克德文全称"Panzerkampfwagen 35（t）"，可译为"装甲战斗车辆35（t）"，通常缩写为"PzKpfw 35（t）"或"Panzer 35（t）"。这款坦克原为捷克斯洛伐克生产的LT vz.35坦克，1939年德国占领捷克斯洛伐克后将这款坦克编入德军的装甲战斗序列，并进行了更名。

坦 克（一） 027

尺　　寸：	长 4.9 米，宽 2.06 米，高 2.37 米
重　　量：	10500 千克
乘　　员：	4 人
续航里程：	190 千米（公路），115 千米（越野）
装甲厚度：	8~25 毫米
武器配备：	一门 37 毫米火炮，两挺 7.92 毫米机枪
动力装置：	一台斯柯达 T11/0 4 缸水冷汽油发动机
行驶速度：	34 千米 / 小时
产　　地：	捷克斯洛伐克

二号坦克

二号坦克是以德国陆军在 1934 年所提出的需求"一款装备 20 毫米机炮及重量为 10000 千克左右的坦克"为目标而设计。二号坦克 A 型（Pzkpfw II Ausf A）样车于 1935 年制成。该型号坦克由 MAN 公司和戴姆勒·奔驰公司合作生产。1937 年 7 月，改进后的二号坦克 A 型作为该系列坦克第一个量产型进行生产。到了 1941 年时，二号坦克的 B 型、C 型、D 型、E 型与 F 型相继完成，主要改进方向为加强坦克的防护性。

坦 克（一） 029

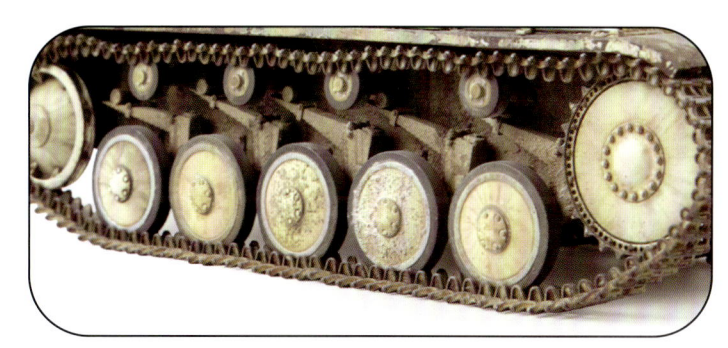

二号坦克 F 型

尺　　寸：	长 4.75 米，宽 2.28 米，高 2.15 米
重　　量：	10000 千克
乘　　员：	3 人
续航里程：	200 千米
装甲厚度：	5~35 毫米
武器配备：	一门 20 毫米火炮，一挺 7.92 毫米机枪
动力装置：	一台迈巴赫 6 缸汽油发动机，功率 140 马力
机动性能：	最大公路速度 40 千米 / 小时，涉水深 0.85 米，过垂直墙高 0.42 米，越壕宽 1.75 米
产　　地：	德国

世界战车 World Fighting Vehicles

● 第二次世界大战初期，二号坦克是德国用来入侵波兰与法国的主要装甲力量，是战争初期德军"闪电战"的重要组成。1941年德国入侵苏联，二号坦克面对苏联装甲力量时已然落后，因此德国将二号坦克用作研制"猞猁"侦察车的基础车。同时该坦克变型车有水陆两用坦克与喷火坦克。

坦 克（一） **031**

三号坦克

三号坦克是戴勒姆·奔驰公司应德国陆军在 1935 提出的中型坦克需求而研制的一款坦克型号。三号坦克的早期型号被称为"Ausf A"与"Ausf B",即 A 型与 B 型,这两个三号坦克型号都曾参与德军对波兰的入侵。1940 年后,德国对三号坦克进行升级,推出了三号坦克 F 型。

坦 克（一）

三号坦克 E 型

尺　　寸：长 5.38 米，宽 2.91 米，高 2.50 米
重　　量：19500 千克
乘　　员：5 人
续航里程：165 千米
装甲厚度：10~30 毫米
武器配备：一门 37 毫米火炮或一门 50 毫米火炮，3 挺 7.92 毫米 MG34 机枪
动力装置：一台迈巴赫 HL 12 TRM V-12 汽油发动机，功率 285 马力
机动性能：最大公路速度 40 千米/小时
产　　地：德国

世界战车 World Fighting Vehicles

- 三号坦克拥有多种型号与变型车，最后一种型号被称为 N 型，最后一批三号坦克 N 型于 1943 年 8 月停产。二战初期，三号坦克被德军用于入侵法国的战斗中，这款坦克优于法军装备的雷诺 R-35 坦克。而在东线战场上，三号坦克面对装备了 76.2 毫米火炮的 T-34/76 中型坦克与 KV-1 重型坦克已显落伍。此外，因为东线战场路面条件不佳，三号坦克磨损要比苏联坦克更加严重。

坦 克（一） **035**

036 世界战车 World Fighting Vehicles

坦 克（一）

- 1934年，三号坦克与四号坦克的研制计划已经被德国陆军制定完成。其中，三号坦克作为主力坦克使用，四号坦克作为支援坦克使用。而到了20世纪40年代初期，苏军坦克的性能与火炮让德军不得不持续对三号坦克进行升级，但由于炮塔的设计让这款坦克无法安装大口径长管火炮，因此在库尔斯克会战后，三号坦克被四号坦克与豹式坦克取代。

九五式轻型坦克

九五式轻型坦克是日本在20世纪30年代初期研制生产的一款轻型坦克,到1943年停产时,这款坦克共生产1100余辆。在九五式轻型坦克诞生的年代,这款坦克的火力优于德国二号坦克。不过,薄弱的装甲仍是这款坦克的"致命伤",再加上设计问题,车长在执行分内任务时还要操作火炮进行射击,因此战斗效能被大大制约。总体而言,九五式轻型坦克能够胜任步兵支援等任务,但20世纪40年代之后难以胜任反坦克任务。

坦　克（一） 039

尺　　寸：	长 4.38 米，宽 2.05 米，高 2.18 米
重　　量：	7400 千克
乘　　员：	3 人
续航里程：	250 千米
装甲厚度：	6~14 毫米
武器配备：	一门 37 毫米火炮，两挺 7.7 毫米机枪
动力装置：	一台三菱 NVD 6120 6 缸风冷柴油发动机，功率 120 马力
机动性能：	最大公路速度 45 千米 / 小时，涉水深 1 米，过垂直墙高 0.81 米，越壕宽 2 米
产　　地：	日本

雷诺 D1 轻型坦克

雷诺 D1 轻型坦克是法国在第二次世界大战前夕研制的一款轻型坦克型号,这款坦克在雷诺 FT-17 轻型坦克的基础上更改了悬挂,于 1929 年被法国军方采用。第二次世界大战爆发后,法军使用雷诺 D1 轻型坦克进行作战,但由于这款坦克已老化且落后于德军装备,因此大部分被击毁,小部分被德军俘获并编入德军的战斗序列。在德军的战斗序列中,雷诺 D1 轻型坦克被重新命名为 "Panzer 732(f)"。

坦　克（一）

尺　　寸：	长 5.76 米，宽 2.16 米，高 2.4 米
重　　量：	14000 千克
乘　　员：	3 人
续航里程：	90 千米
装甲厚度：	16 毫米
武器配备：	一门 47 毫米 SA 34 火炮，两挺 7.5 毫米机枪
动力装置：	雷诺 V 型 4 缸汽油发动机，功率 74 马力
行驶速度：	19 千米 / 小时
产　　地：	法国

T-35 重型坦克

T-35 重型坦克是苏联在 1930 年至 1932 年之间研制的一款多炮塔重型坦克，1933 年这款坦克开始生产并装备苏军。T-35 重型坦克共拥有 5 个炮塔，这是世界上唯一一款拥有如此数量炮塔并量产的坦克。但如果要"一厢情愿"地认为"炮塔多火炮就多，火炮多火力就猛"就会犯"纸上谈兵"的错误，因为想要在一款实战的车型上增加炮塔与火炮，内部机构的复杂程度可想而知，机动性也会受到严重制约。

坦 克（一）

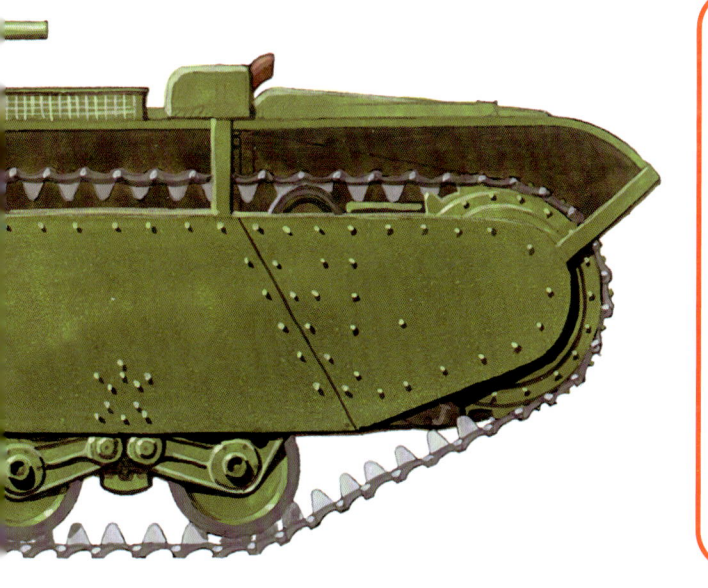

- 苏军中对 T-35 重型坦克产生了一些质疑声音，认为这款重型坦克并不实用。而在之后的苏德战争中，他们的质疑也被验证，战场上的 T-35 重型坦克机动性差，可靠性也很低，因此于战争初期全部损失。其中大部分 T-35 重型坦克的损失并非被德军击毁，而是因为机械故障或部件损坏不得已被抛弃。

尺　　寸：	长 9.72 米，宽 3.2 米，高 3.43 米
重　　量：	45000 千克
乘　　员：	11 人
续航里程：	150 千米
装甲厚度：	11~30 毫米
武器配备：	一门 76.2 毫米火炮，两门 45 毫米火炮，5~6 挺 7.62 毫米机枪
动力装置：	一台 12 缸 Mikulin M-17M 汽油发动机，功率 500 马力
行驶速度：	30 千米 / 小时
产　　地：	苏联

BT-7 轻型坦克

BT-7 轻型坦克是 BT 系列高速坦克的最后一款,苏联在 1935 年开始量产。作为一款"身披轻甲"的坦克,BT-7 轻型坦克拥有着良好的机动性,在公路上行驶时,该型号坦克有着每小时 72 千米的速度。如果让当时的主流坦克进行一场竞速赛的话,BT-7 轻型坦克一定名列前茅。除了良好的机动性,BT-7 轻型坦克也有着优秀的火力,45 毫米 20-K 坦克炮能够"撕裂"当时主流坦克的装甲。总体来看,BT-7 轻型坦克机动性强,方便部署,能够适应奔袭等战术需求。

坦 克（一）

尺　　寸：	长 5.66 米，宽 2.29 米，高 2.42 米
重　　量：	13900 千克
乘　　员：	3 人
续航里程：	430 千米（公路），360 千米（越野）
装甲厚度：	6~20 毫米（车体），10~15 毫米（炮塔）
武器配备：	一门 45 毫米 20-K 坦克炮，两挺 7.62 毫米机枪
动力装置：	Mikulin M-17T（V-12）汽油发动机，功率 450 马力
行驶速度：	72 千米/小时（公路），50 千米/小时（越野）
产　　地：	苏联

046 世界战车 World Fighting Vehicles

坦 克（一）

- BT-7轻型坦克的车组成员为三人，分别为车长（可兼任炮手）、驾驶员与装弹员。部分BT-7轻型坦克装备71-TC电台，并配有框形天线，这款坦克通常作为指挥坦克使用。

1939年11月苏军坦克旅的组织与编制如下：

★ **3个坦克营，每个营编有：**

　3个坦克连，每个连配备17辆BT-7轻型坦克或T-26轻型坦克；

　1个反坦克排，配备3门45毫米反坦克火炮；

　1个高射机枪排；

　1个传令排。

★ **1个预备坦克连，配备8辆BT-7轻型坦克或T-26轻型坦克。**

★ **1个摩托化步兵营，每个营编有：**

　3个摩托化步兵连；

　1个反坦克排，配备3门45毫米反坦克火炮；

　1个高射机枪排；

　1个传令排。

★ **旅部直属作战单位：**

　1个高射机枪排；

　1个传令连，配备5辆T-37两栖侦察坦克；

　1个摩托化运输营；

　1个侦察营；

　1个前锋连；

　1个救护连；

　1个化学战连。

M3 轻型坦克

M3 轻型坦克是美国在 20 世纪 40 年代初期设计生产的一款轻型坦克型号，这款轻型坦克在 M2 轻型坦克的基础上改进而成，有着更厚的装甲，作为轻型坦克有着更好的防御能力。第二次世界大战初期，美国通过《租借法案》，将一部分 M3 轻型坦克支援苏联、英国等国家，在反法西斯战争中发挥了重要作用。

坦 克（一）

尺　　寸：	长 4.61 米，宽 2.14 米，高 2.4 米
重　　量：	9500 千克
乘　　员：	4 人
续航里程：	160~250 千米
装甲厚度：	8~30 毫米（A~D 型），50 毫米（E 型）
武器配备：	一门 37.2 毫米火炮，两挺 7.92 毫米机枪
动力装置：	一台布拉格 EPA 6 缸水冷汽油发动机，功率 125 马力
机动性能：	最大公路速度 42 千米/小时，最大越野速度 15 千米/小时，涉水深 0.9 米，过垂直墙高 0.78 米，越壕宽 1.87 米
产　　地：	捷克斯洛伐克

38（t）轻型坦克

38（t）轻型坦克的原型车为LT-38坦克。LT-38坦克是捷克斯洛伐克在1938年推出的一款轻型坦克，并由斯柯达（Skoda）工厂进行生产。1939年，德国吞并捷克斯洛伐克全境，一些LT-38坦克落入德军手中，被德军重新命名为"Pz.38（t）"或"PzKpfw 38（t）"。LT-38坦克与三号坦克初期型的性能基本相当。

坦 克（一） **049**

坦 克（一）

●M3 轻型坦克被英军称为"斯图亚特"。

尺　　寸：	长 4.54 米，宽 2.24 米，高 2.30 米
重　　量：	12927 千克
乘　　员：	4 人
续航里程：	112.6 千米
装甲厚度：	15~43 毫米
武器配备：	一门 37 毫米火炮，2~3 挺 7.62 毫米 M1919 重机枪
动力装置：	一台大陆 W-970-9A 6 缸汽油发动机，功率 250 马力
机动性能：	最大公路速度 58 千米 / 小时，涉水深 0.91 米，过垂直墙高 0.61 米，越壕宽 1.83 米
产　　地：	美国

054 世界战车 World Fighting Vehicles

M3A1 轻型坦克

坦 克（一） 055

● M3A1 轻型坦克配备了有动力旋转装置的改良型同质焊接炮塔，炮塔采用吊篮式设计。同时，这款轻型坦克安装有陀螺仪稳定器，提升了主炮的射击精度。此外，M3 系列轻型坦克还有 M3A2 型，但未进行量产。

世界战车 World Fighting Vehicles

M5 轻型坦克

坦 克（一）

- M5 轻型坦克是美国在 1942 年开始生产的轻型坦克型号，这款坦克是 M3 轻型坦克的改进型号。主要改进为更换了凯迪拉克 V 型 8 缸水冷发动机，并将两挺 M1919 重机枪改为 M2 重机枪，把 .30-06 步枪弹（规格 7.62 毫米 ×63 毫米）更换为了 .50 BMG 机枪弹（规格 12.7 毫米 ×99 毫米），火力有些许提升。但由于未更换主炮，火力提升有限。

- 在 M5 轻型坦克量产后，其部分新技术直接用于 M3 轻型坦克的升级改进，比如炮塔、车身以及机枪座，采用新技术生产的 M3 轻型坦克被称为"M3A3 轻型坦克"。

M3 中型坦克

M3 中型坦克是美国在 1940 年研制的一款中型坦克型号，这款中型坦克造型独特，具有两门火炮，一门位于车身左侧，一门位于旋转炮塔上。英国在第二次世界大战中曾向美国采购这款坦克，其中圆顶炮塔的 M3 中型坦克被英军称为"李"（Lee），使用新型炮塔的 M3 中型坦克则被称为"格兰特"（Grant），需要注意的是，无论是"李"还是"格兰特"的称呼，都是英军自行命名的"英式叫法"，而非原产地的叫法。

坦 克（一）

- 由于口口相传，无论是"李"还是"格兰特"，M3 中型坦克这些英式叫法广为人知，甚至沿用到了一些游戏作品中。比如在游戏《坦克世界》中的 M3"格兰特"中型坦克，《战争雷霆》中的 M3"李"中型坦克。

- 在二战中，英军将 M3 中型坦克投入至北非战场，这款坦克可靠性强，不易出现故障。同时，75 毫米火炮在战斗中表现良好，作战效能超过德军三号坦克的 50 毫米火炮。

尺　　寸：	长 5.64 米, 宽 2.72 米, 高 3.12 米
重　　量：	27240 千克
乘　　员：	7人（M3"李"），6人（M3"格兰特"）
续航里程：	193 千米
装甲厚度：	最厚处 51 毫米
武器配备：	一门 75 毫米火炮（车身），一门 37 毫米火炮（炮塔），四挺 M1919 重机枪
动力装置：	一台大陆 R-975-EC2 汽油发动机，功率 340 马力
行驶速度：	42 千米/小时（公路），26 千米/小时（越野）
产　　地：	美国

B1 重型坦克

B1 重型坦克是法国在 20 世纪 30 年代初期研制生产的一款重型坦克，这款坦克于 1934 年开始生产，后期推出改进型，被称为 B1 bis 重型坦克。B1 重型坦克具有两门火炮，一门 75 毫米榴弹炮安装于车身左侧，主要为步兵提供火力支援，另外一门 47 毫米坦克炮安装于炮塔，主要作为反战车武器。

坦 克（一） 061

尺　　寸：	长 6.37 米，宽 2.46 米，高 2.79 米
重　　量：	28000 千克
乘　　员：	4 人
续航里程：	200 千米
装甲厚度：	40 毫米
武器配备：	一门 75 毫米 ABS SA 35 榴弹炮，一门 47 毫米 SA 34 坦克炮，两挺 7.5 毫米机枪
动力装置：	一台柴油发动机，功率 272 马力
行驶速度：	28 千米/小时（公路），21 千米/小时（越野）
产　　地：	法国

世界战车 World Fighting Vehicles

- 在第二次世界大战中，B1 重型坦克被法军投入战场，与德军进行作战。法国全境沦陷后，德军将俘获的 B1 重型坦克更名为"B2 740（f）"，有少数此型号坦克被德军改装为喷火坦克，并应用于东线战场。

坦　克（一）

T-50 轻型坦克

T-50 轻型坦克是苏联在第二次世界大战爆发初期研制的一款轻型坦克，这款坦克于 1939 年开始研发，1941 年进行生产。T-50 轻型坦克技术先进，采用扭力杆式悬挂系统，使用柴油发动机，倾斜式装甲在被炮弹命中时有着更高的"跳弹"率，车身采用全焊接技术制造。同时，每辆 T-50 轻型坦克都配备无线电通讯设备，支持不同坦克的车组成员在战场上交换信息。

坦 克（一） 065

尺　　寸：长 5.20 米，宽 2.47 米，高 2.16 米
重　　量：14000 千克
乘　　员：4 人
续航里程：220 千米
装甲厚度：12~37 毫米
武器配备：一门 45 毫米火炮，一挺 7.62 毫米机枪
动力装置：一台 V-4 柴油发动机，功率 300 马力
行驶速度：60 千米 / 小时
产　　地：苏联

MkⅡ"玛蒂尔达"坦克

MkⅡ"玛蒂尔达"坦克是英国在20世纪30年代初期研制生产的一款步兵坦克,这款坦克尺寸较小,结构简单,防护水平出色。MkⅡ"玛蒂尔达"坦克内部结构可分为三个主要区域:前方为驾驶舱,驾驶舱后为战斗舱、炮塔。该坦克作战效率很高,动力装置位于车身后端。

坦 克（一）

KV-1 重型坦克

KV-1 重型坦克是苏联在 1938 年至 1939 年研制的一款重型坦克型号，1939 年 12 月开始进行生产。KV-1 重型坦克最初被投入苏芬战争中，在卫国战争爆发后，这款重型坦克被苏军用来抵御德军的入侵。初期型的 KV-1 重型坦克的炮塔正面装甲为 90 毫米，战争早期德军的主要反坦克火炮均无法击穿 KV-1 重型坦克的炮塔。当然，KV-1 重型坦克的机动性并不优秀，因此在战争中后期逐渐被 T-34/76 中型坦克、IS-2 重型坦克所替代。

坦 克（一） 071

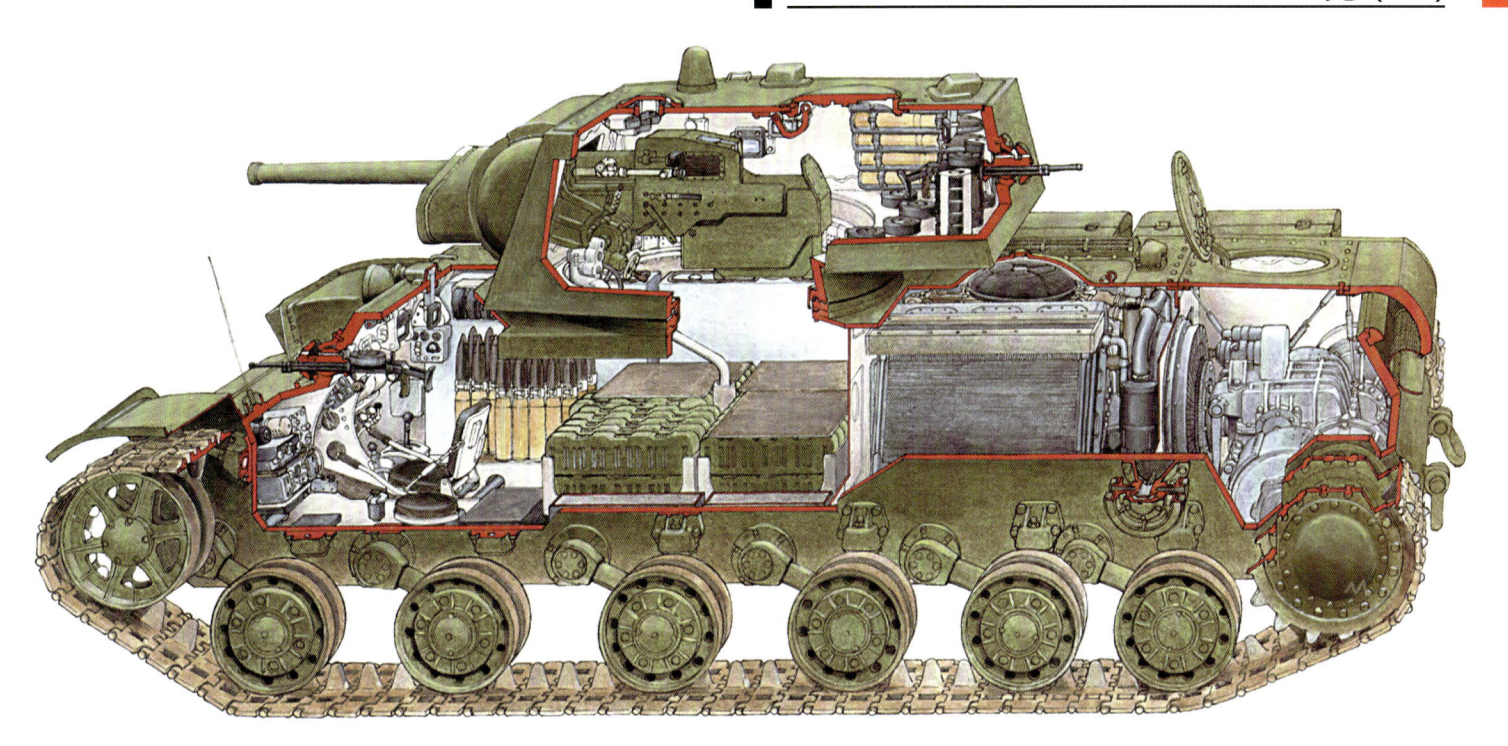

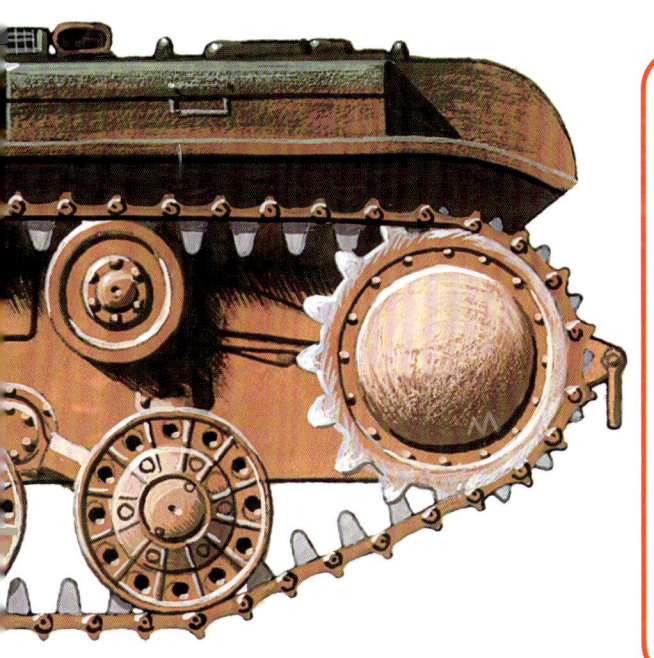

尺　　寸：	长 6.75 米，宽 3.32 米，高 2.71 米
重　　量：	43000 千克
乘　　员：	5 人
续航里程：	335 千米
装甲厚度：	初期型炮塔前装甲 90 毫米，侧面装甲 75 毫米；后期型炮塔前装甲 120 毫米
武器配备：	一门 76.2 毫米火炮，4 挺 7.62 毫米机枪
动力装置：	一台 V-2K V-12 柴油发动机，功率 600 马力
机动性能：	最大公路速度 35 千米/小时，过垂直墙高 1.2 米，越壕宽 2.59 米
产　　地：	苏联

KV-2 重型坦克

KV-2重型坦克是苏联在20世纪30年代末研制的一款重型坦克，安装有一门152毫米榴弹炮，能够对敌方无防护有生目标进行杀伤，是一款高效的支援坦克。KV-2重型坦克使用KV-1重型坦克的车体，配用全新炮塔与榴弹炮。炮塔采用五边形设计，整体看起来"方头方脑"，但由于这款坦克有着猛烈的火力，因此被称为"巨人"。

● KV-2 重型坦克火力强悍，装甲也达到了 75 毫米，战争初期德军的 37 毫米反坦克火炮难以对这款巨大的"自行火炮"造成实际威胁。当然强悍的火力、加厚的装甲也给 KV-2 重型坦克带来了机动性不佳的"副作用"，巨大的炮塔也让这辆坦克"头重脚轻"，整体稳定性不佳。因此在战争中期，苏军改用"喀秋莎"火箭炮作为主要支援火力，KV-2 重型坦克就此停止了生产。

尺　　寸：	长 6.79 米，宽 3.32 米，高 3.65 米
重　　量：	52000 千克
乘　　员：	6 人
续航里程：	250 千米
装甲厚度：	75 毫米
武器配备：	一门 152 毫米 M-10T 榴弹炮（备弹 36 发），两挺 7.62 毫米机枪
动力装置：	一台 V-2K V-12 柴油发动机，功率 600 马力
行驶速度：	25.6 千米 / 小时
产　　地：	苏联

九七式中型坦克

九七式中型坦克是日本在 20 世纪 30 年代中期研制的一款中型坦克型号，作为当时日本陆军的装甲主力。九七式中型坦克采用铆接工艺，铆钉使用痕迹在坦克外表肉眼可见，因此防护能力并不出色。九七式中型坦克首先被日军应用在诺门罕战役中，在当时表现尚可。而随着时间线进入 20 世纪 40 年代，这款坦克在面对苏制、美制坦克或反坦克武器时就显得异常脆弱，例如 37 毫米反坦克火炮就能够从任意角度击穿九七式中型坦克的装甲。

● 1942 年，日本开始生产安装 47 毫米火炮的九七改中型坦克，这款坦克被大规模使用。日本投降后，中国境内的九七式中型坦克与九七改中型坦克由中国军队接收。

坦　克（一）

尺　　寸：	长 5.5 米，宽 2.34 米，高 2.38 米
重　　量：	15800 千克
乘　　员：	4 人
续航里程：	210 千米
装甲厚度：	10~25 毫米
武器配备：	一门 47 毫米坦克炮，两挺 7.7 毫米九七式车载重机枪
动力装置：	一台 V-12 21.7 Ⅰ 型发动机，功率 170 马力
行驶速度：	38 千米 / 小时
产　　地：	日本

雷诺 R-35 轻型坦克

雷诺 R-35 轻型坦克是法国雷诺汽车公司（Renault S.A.）在 1935 年研制的一款轻型坦克，并于 1936 年进行量产。雷诺 R-35 轻型坦克与 FT-17 轻型坦克大小基本相当，发动机位于车体后部。在 1940 年的法国战役中，面对德军装甲部队的集群作战，零星部署的雷诺 R-35 轻型坦克未能发挥作用，多数被德军缴获。

坦　克（一）　077

● 占领法国后，德国将一部分缴获的雷诺 R-35 轻型坦克改装为坦克歼击车，并将这款歼击车命名为"35R（f）坦克歼击车"。35R（f）坦克歼击车使用雷诺 R-35 轻型坦克的底盘，并搭载斯柯达工厂生产的 47 毫米火炮，这款坦克歼击车一直使用至 1944 年。

尺　　寸：	长 4.2 米，宽 1.85 米，高 2.37 米
重　　量：	10000 千克
乘　　员：	2 人
续航里程：	140 千米
装甲厚度：	最厚处 40 毫米
武器配备：	一门 37 毫米火炮，一挺 7.5 毫米并列机枪
动力装置：	一台雷诺 4 缸汽油发动机，功率 82 马力
机动性能：	最大公路速度 20 千米/小时，涉水深 0.8 米，过垂直墙高 0.50 米，越壕宽 1.6 米
产　　地：	法国

索玛 S-35 中型坦克

索玛 S-35 中型坦克（Char Somua S-35）是法国在 20 世纪 30 年代早期研制的一款中型坦克，生产于 1936 年至 1940 年，主要装备法军的轻型机械化部队。在当时，索玛 S-35 中型坦克所使用的技术先进，机动性良好，采用铸造而非铆接结构，因此有着更好的防护性。同时，索玛 S-35 中型坦克的标准装备还包括无线电通讯设备，使不同坦克车组成员在枪弹横飞的战场上可以进行协同作战。

坦 克（一）

- 德军占领法国后，俘获了相当一部分的索玛 S-35 中型坦克，由于性能优秀，德军继续使用这款坦克，并将其命名为"Panzerkampfwagen 35-S 739 (f)"。其中一部分索玛 S-35 中型坦克被德军开往东线，和苏军进行作战。

尺　　寸：	长 5.38 米，宽 2.12 米，高 2.62 米
重　　量：	19500 千克
乘　　员：	3 人
续航里程：	230 千米
装甲厚度：	20~55 毫米
武器配备：	一门 47 毫米火炮，一挺 7.5 毫米并列机枪
动力装置：	一台 SOMUA V-8 型汽油发动机，功率 190 马力
机动性能：	最大公路速度 40 千米 / 小时，涉水深 1 米，过垂直墙高 0.76 米，越壕宽 2.13 米
产　　地：	法国

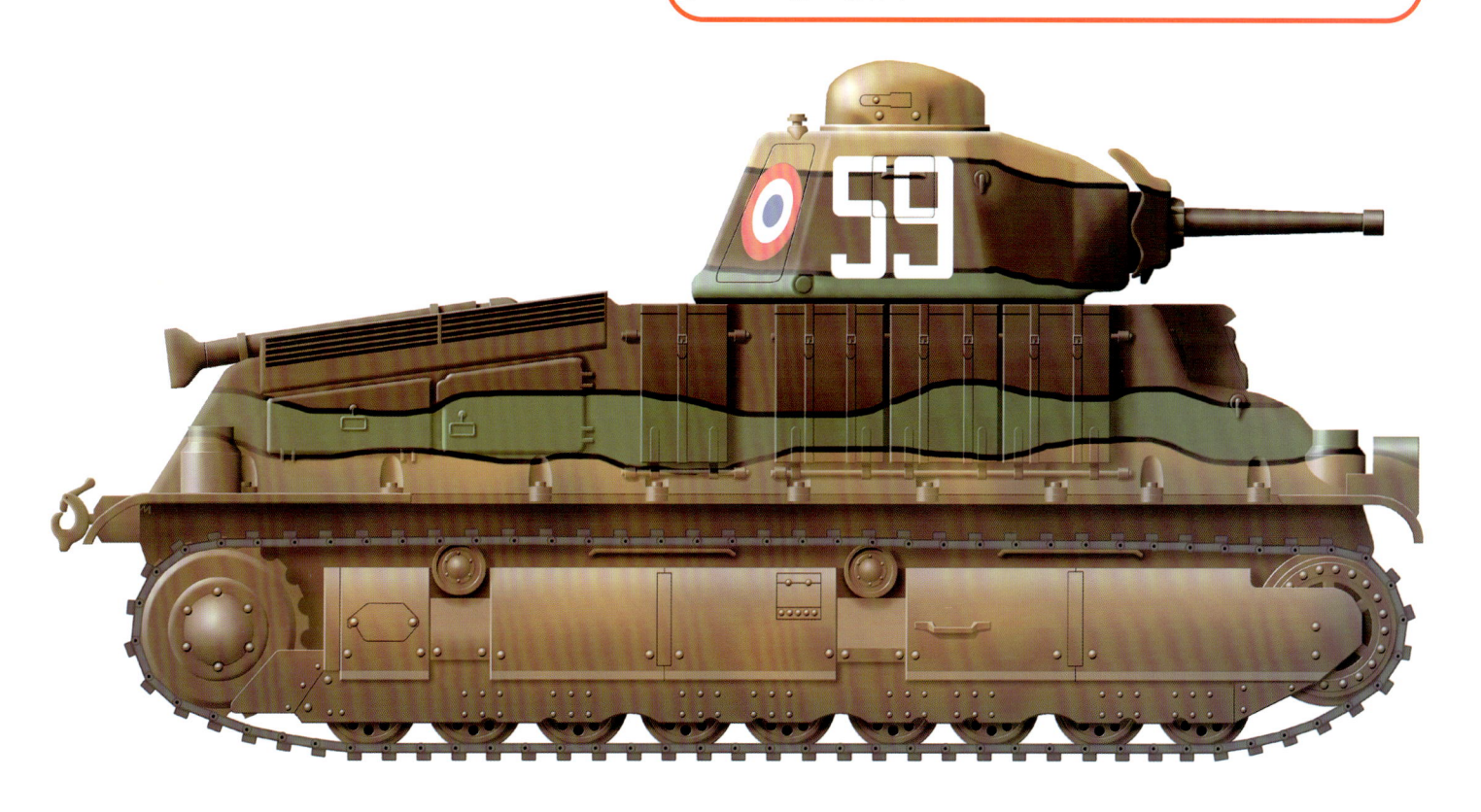

一号坦克 F 型

一号坦克 F 型（Panzer I Ausf.F）是德国在一号坦克（Panzer I）的基础上改进而成的轻型坦克型号，这款轻型坦克罕见地采用了交错负重轮设计，且履带较宽。一号坦克 F 型可以看作是轻型坦克的重装甲化改进型，改进原因在于德军入侵波兰时发现一号坦克无法抵挡反坦克火炮的直射，因此快速对轻型坦克进行升级，并投放至东线战场进行使用。

坦 克（一） **081**

一号坦克

尺　　寸：	长 4.38 米，宽 2.64 米，高 2.05 米
重　　量：	21000 千克
乘　　员：	2 人
续航里程：	150 千米
装甲厚度：	25~80 毫米
武器配备：	两挺 7.92 毫米 MG34 通用机枪
动力装置：	一台 150 马力迈巴赫 HL45P 发动机
行驶速度：	最大公路速度 25 千米 / 小时
产　　地：	德国

世界战车 World Fighting Vehicles

坦 克（一）

●一号坦克F型生产于1942年，由于武器只配备有两挺MG34通用机枪，因此无法作为反装甲用途使用，只能够作为步兵的支援火力。由于面对苏军的坦克"束手无策"，因此一号坦克F型仅作为试验型武器生产，产量仅为30辆。

KV-1 重型坦克
长 6.75 米
宽 3.32 米
高 2.71 米

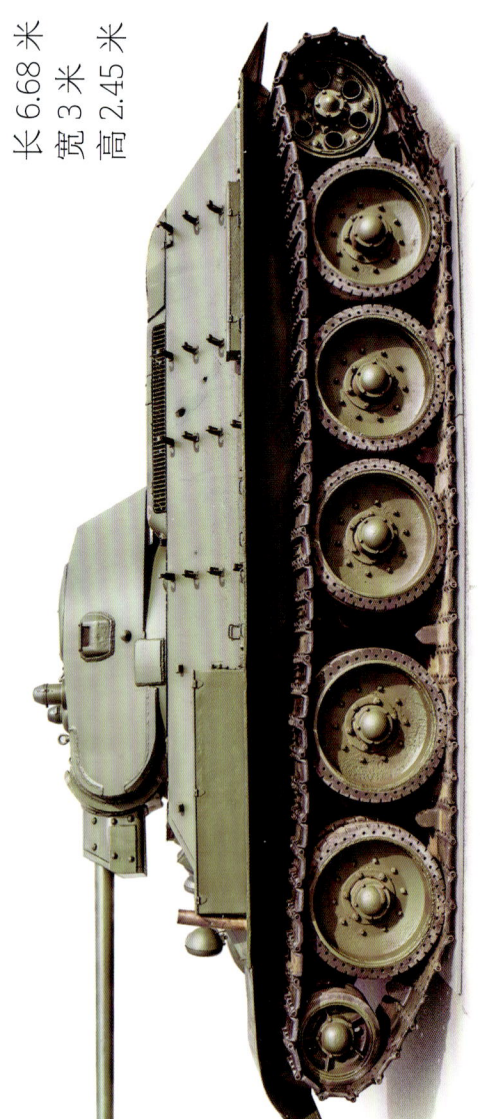

T-34/76 中型坦克
长 6.68 米
宽 3 米
高 2.45 米

本书选择 8 款经典坦克与剪影士兵（剪影士兵按实际士兵身高 1.80 米左右设定）进行大小对比，展示坦克与坦克、坦克与士兵之间的大小关系，仅供参考阅读。

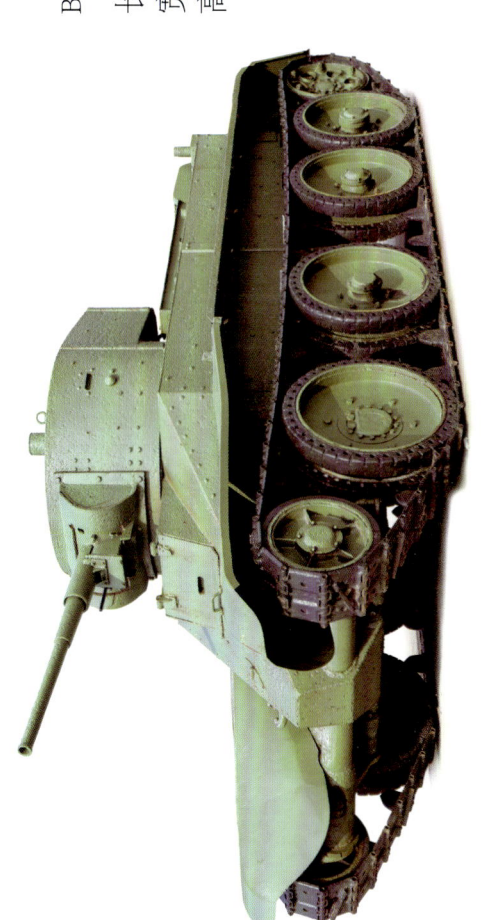

BT-5 轻型坦克

长 5.58 米
宽 2.23 米
高 2.25 米

Mk II "玛蒂尔达" 坦克

长 5.61 米
宽 2.59 米
高 2.52 米

火力、防护与机动性——坦克三大性能

坦克三大性能为火力、防护与机动性，这三项性能根据坦克的实际应用而发展。早期的坦克通常以轻型坦克为主，在20世纪30年代的西班牙内战中，轻型坦克暴露出火力与装甲不足的问题，同时高机动性也未能对火力与装甲的短板进行弥补，因此各国开始注重坦克火力与装甲的设计。

增强坦克火力的方法主要通过换装更大口径火炮来实现，但在当时还有另的方式——增加火炮数量，装甲的加强是通过增加装甲厚度来实现。因此20世纪30年至40年代也设计出一些造型奇特的坦克。

1935年，苏联T-35重型坦克设计完成，与当时普遍具有一个炮塔的坦克不同，这款重型坦克具有五个炮塔。T-35重型坦克配备了一门76.2毫米的24倍径主炮（早期版本为16倍径），两门45毫米坦克炮以及五至六挺7.62毫米机枪，其中两挺安装在旋转炮塔中。这款坦克的设计初衷是通过多炮塔进行全方位射击，从而在战场上对敌方构成强大火力威慑。1936年，苏联军队正式将T-35重型坦克纳入装备序列。

然而，尽管火力强大，T-35在实战中暴露出其性能的不足。该型坦克的设计中，多炮塔和独立舱室造成了内部空间异常狭窄，正面装甲仅有35毫米厚，而且其复杂的结构和武器配置使得坦克重量增至45吨。因此，T-35的最大公路速度仅为30千米/小时，越野速度更是降至19千米/小时。由于这些设计上的缺陷，苏联军事委员会在1939年6月决定停止T-35的生产，当时已生产的61辆坦克并装备苏军。

1941年6月，德军入侵苏联时，苏军将这些T-35投入前线，但坦克在行军与战斗中频繁出现机械故障，许多因故障无法使用而被遗弃。

德国在增强坦克火力与装甲方面也有类似尝试，其中"猎虎坦克歼击车"（Jagdtiger Sd. Kfz. 186）便是一个例证。猎虎于1944年后期装备德军，是基于虎王坦克车体发展的无炮塔坦克歼击车，装备了一门128毫米火炮，正面装甲达150毫米，炮盾厚度为250毫米。猎虎的火炮足以击穿大多数盟军坦克装甲，其自身正面装甲也几乎可以抵御任何盟军火炮的攻击。然而，尽管火力和装甲都极为出色，猎虎坦克歼击车在战场上的表现仍受到了一些限制。

首先，猎虎坦克歼击车的巨大体重（71.7吨）严重影响了其机动性。其最大公路速度仅为38千米/小时，而越野速度更是下降到了17千米/小时。这种低速度使得它在战场上的机动性受限，且炮塔缺失使得其火炮射界仅有10°，这意味着在实战中需要频繁地调整车体方向以对准目标，显著降低了反应速度和战斗灵活性。其次，沉重的车体不仅对动力系统和传动装置构成负担，还容易导致机械故障。

战争末期，随着德国战争资源的日益枯竭，后勤保障问题变得更加严重。很多猎虎坦克歼击车因机械故障或是缺乏燃料而被迫遗弃，这也凸显了在极端战争条件下，过于依赖火力或装甲而忽视机动性的风险。

由于这些教训，坦克的设计理念在第二次世界大战结束后发生了重大变化，从偏重某一性能向追求火力、装甲和机动性的综合平衡转变。一款优秀的坦克设计，不仅需要强大的火力来击败敌人，坚固的装甲来保护自身，还必须具备良好的机动性以适应多变的战场环境。

为了平衡这些性能，现代坦克设计采用了滑膛炮增强火力、复合装甲提升防护力，以及高效率动力装置改善机动性等技术。这些设计的权衡和选择最终使得坦克成为一种更加全能的战斗机械，能够在现代战争的多种场景中有效作战，体现了火力、装甲和机动性三者之间的精妙平衡。这种全面考虑和技术整合是现代坦克设计中不可或缺的一部分，确保了坦克即便在最严苛的条件下也能保持战斗能力和生存能力。

虎式重型坦克
长 8.45 米
宽 3.73 米
高 3 米

T-34/85 中型坦克
长 8.15 米
宽 3 米
高 2.6 米

四号坦克 G 型
长 6.63 米
宽 2.88 米
高 2.68 米

豹式中型坦克
长 8.86 米
宽 3.43 米
高 3.1 米

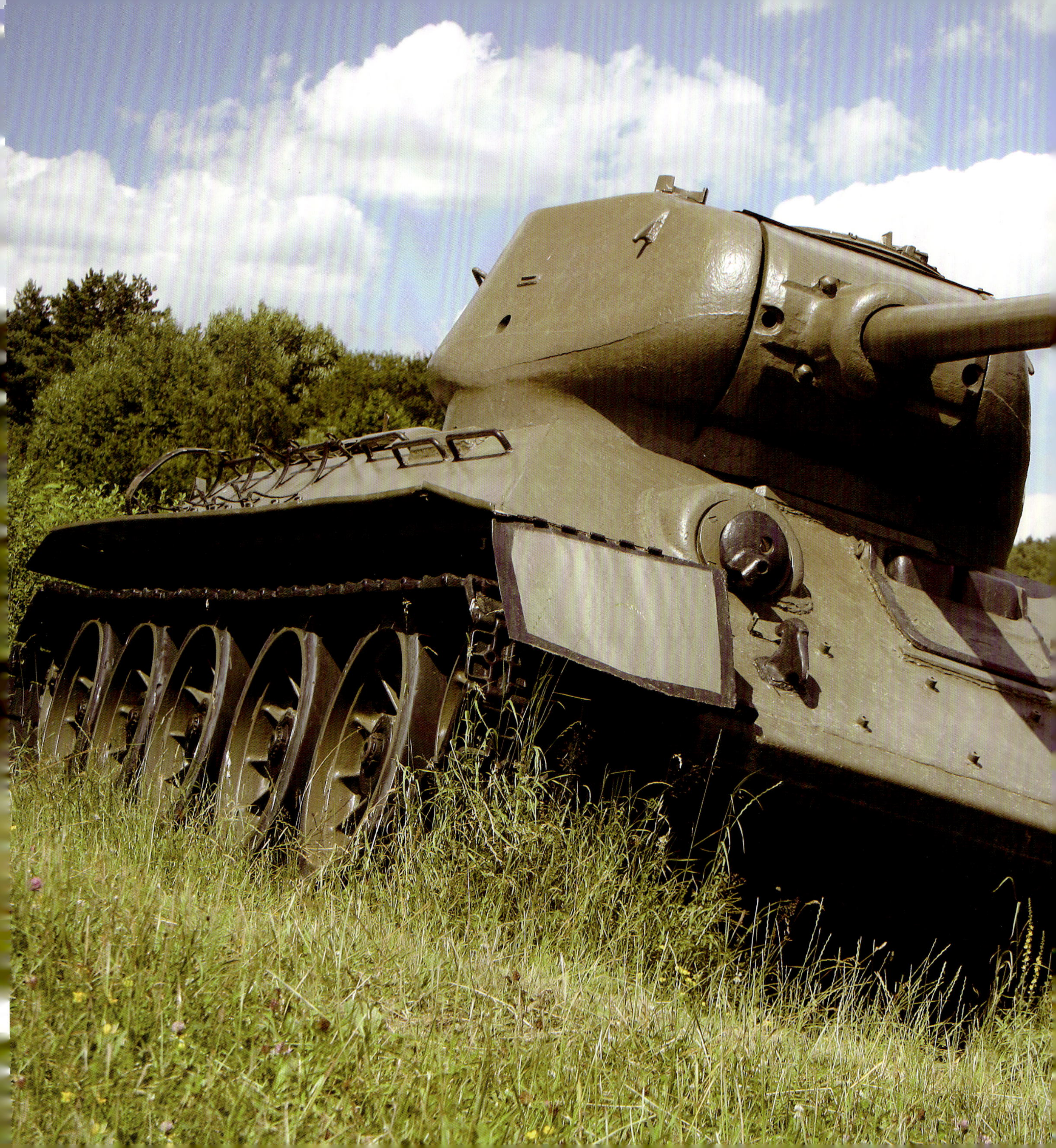

第二次世界大战转折点
——斯大林格勒会战

1941年6月22日凌晨，德军以闪击战战术对苏联发动突然袭击，史称"巴巴罗萨计划"，标志着苏联卫国战争的全面爆发。战争初期，德军装甲部队快速推进，将大量苏军分割包围，苏军被歼灭了大量有生力量。面对德军的快速推进，苏联一方面部署军队进行抵抗，一方面进行了历史上规模最大的工业转移，为长期战斗提供了基础。

赢得了莫斯科保卫战的胜利后，苏军在各条战线上发动冬季攻势，但由于指挥失误与准备不足，攻势被德军成功遏制。

1942年5月，德军转而向高加索地区发动进攻，同时为掩护高加索方向的部队，德军决定攻占斯大林格勒，斯大林格勒会战爆发。在斯大林格勒的战斗中，苏军在已被炸为废墟的城市中节节抵抗，各高地、房屋甚至废墟被双方反复争夺，损失极大。同时，先进的组织方式也使得苏联的民间力量被动员起来，比如在"红十月"工厂、斯大林格勒拖拉机厂，以及"街垒"工厂的战斗中，苏联工人冒着枪林弹雨抢修损坏的坦克与武器，从而直接支援了苏军在斯大林格勒的战斗。

与苏军的支援不断相比，德军却面临着战线过长，主力部队都被投入城内，城市外围预备力量虚弱的问题。1942年9月，苏军统帅部决定继续将德军进攻主力牵制在城内，同时在斯大林格勒南北两侧隐秘集结部队，其中不乏多兵种合成集团军、坦克集团军；11月19日，苏军发动反攻；23日，苏军完成对斯大林格勒的合围，同时城内德军的地面后勤保障枢纽彻底失能，空投补给杯水车薪，德军全面转入劣势。

1943年2月，被围困在斯大林格勒的德军覆灭，苏联取得了斯大林格勒会战的胜利。这次胜利动摇了德军在战争中的攻势地位，一部分战争主动权丢失。在军事上，斯大林格勒会战中苏军牵制并消灭了德军大量有生力量；而在政治上，这次胜利鼓舞了世界反法西斯力量的斗争，让饱受战争之苦的人们看到了胜利的希望。

T-34/76 中型坦克

T-34/76 中型坦克是苏联在 1937 年开始研制，1940 年进行量产的中型坦克型号，主要装备苏军。T-34/76 中型坦克结构简单，生产成本较低，但火力与装甲都不"含糊"。德军入侵苏联的初期，T-34/76 中型坦克粗糙简陋的外观和一门能够洞穿当时德军所有主力坦克的 76.2 毫米火炮，将德军惊得目瞪口呆，迫使德国不得不对四号坦克进行改装，并加紧研发豹式坦克。

坦　克（一）

尺　　寸：	长 6.68 米，宽 3 米，高 2.45 米
重　　量：	26500 千克
乘　　员：	4 人
续航里程：	约 400 千米
装甲厚度：	20~45 毫米
武器配备：	一门 76.2 毫米 F-34 坦克炮（早期型为 76.2 毫米 L-11 坦克炮），两挺 7.62 毫米机枪
动力装置：	一台 V-2-34 V-12 柴油发动机，功率 500 马力
机动性能：	最大公路速度 55 千米/小时，涉水深 1.37 米，过垂直墙高 0.71 米，越壕宽 2.95 米
产　　地：	苏联

世界战车 World Fighting Vehicles

- 在战场上，T-34/76 中型坦克能够执行各种任务，集群突击、战术侦察、坦克抢救与人员输送皆可胜任。考虑到生产成本与战时消耗、补充，虽然 T-34/76 中型坦克制造工艺粗糙，但这款坦克也具备易于生产的特点，能够快速弥补战时损失。

坦　克（一）

四号坦克

四号坦克是德国在 20 世纪 30 年代中期研制生产的一款中型坦克,最初这款坦克被当作步兵的支援坦克使用,而反装甲的任务由三号坦克来完成。1941 年,德军在入侵苏联的战斗中发现,三号坦克在面对苏军的 T-34/76 中型坦克时往往是被压制的一方,因此不得不对现有战车进行升级,三号坦克因结构原因无法更换更长的火炮,而四号坦克却没有这样的问题,因此着手对四号坦克进行升级。

坦　克（一）

- 四号坦克具有多个型号，除变型车外，按照生产时间排列为 A 型（1937年）、B 型（1938年）、C 型（1938、1939年）、D 型（1939年、1940年）、E 型（1940年、1941年）、F1 型（1941年）、F2 型（1942年）、G 型（1942年、1943年）、H 型（1943年、1944年），以及 J 型（1944年、1945年）。

四号坦克 F2 型

尺　　寸：长 6.63 米，宽 2.88 米，高 2.68 米
重　　量：23600 千克
乘　　员：5 人
续航里程：200 千米（公路），130 千米（越野）
装甲厚度：20~50 毫米
武器配备：一门 75 毫米 KwK 40 L/43 火炮，两挺 7.92 毫米 MG 34 通用机枪
动力装置：一台迈巴赫 HL 120 TRM 12 缸汽油水冷发动机
行驶速度：最大公路速度 40 千米/小时
产　　地：德国

世界战车 World Fighting Vehicles

● 四号坦克从 A 型到 F1 型安装 75 毫米 KwK 37 L/24 火炮，这种火炮全长 1.77 米，炮管短、初速慢（385 米/秒），反装甲能力较差，因此只作为步兵支援火炮使用。四号坦克 F2 型换装 75 毫米 KwK 40 L/43 火炮，火炮全长 3.28 米，初速 740 米/秒，可在 100 米的距离穿透 99 毫米厚的均质装甲。

坦　克（一）

四号坦克 F2 型

四号坦克 F1 型

- 四号坦克 F2 型在生产三个月后便更名为四号坦克 G 型，并在生产的过程中持续进行改进。改进方面包括在车体前方安装一块 30 毫米装甲板，使正面装甲达到 80 毫米，这一改动受到前线德军士兵的好评，因此后续生产的四号坦克 G 型直接将 30 毫米装甲板焊接到车体上。此外，1943 年 4 月开始生产的四号坦克 G 型换装了 75 毫米 KwK 40 L/48 火炮，这种火炮全长 3.62 米，初速达到了 790 米 / 秒，能够在 100 米处击穿 113 毫米的均质装甲。

T-34/76 中型坦克

- 尺　　寸：长 6.68 米，宽 3 米，高 2.45 米
- 重　　量：26500 千克
- 乘　　员：4 人
- 续航里程：约 400 千米
- 装甲厚度：20~45 毫米
- 武器配备：一门 76.2 毫米 F-34 坦克炮（早期型为 76.2 毫米 L-11 坦克炮），两挺 7.62 毫米机枪
- 动力装置：一台 V-2-34 V-12 柴油发动机，功率 500 马力
- 机动性能：最大公路速度 55 千米 / 小时，涉水深 1.37 米，过垂直墙高 0.71 米，越壕宽 2.95 米
- 产　　地：苏联

四号坦克 F2 型

- 尺　　寸：长 6.63 米，宽 2.88 米，高 2.68 米
- 重　　量：23600 千克
- 乘　　员：5 人
- 续航里程：200 千米（公路），130 千米（越野）
- 装甲厚度：20~50 毫米
- 武器配备：一门 75 毫米 KwK 40 L/43 火炮，两挺 7.92 毫米 MG 34 通用机枪
- 动力装置：一台 HL 120 TRM 12 缸汽油水冷发动机
- 行驶速度：最大公路速度 40 千米 / 小时
- 产　　地：德国

坦 克（一）

在四号坦克换装 75 毫米 KwK 40 L/43 火炮以前，早期的步兵支援火炮无法击穿 T-34/76 中型坦克的装甲。当然，T-34/76 中型坦克的正面装甲难以被击穿也与这款坦克的倾斜装甲有直接关联，这款中型坦克车体装甲厚度 45 毫米，倾斜角度 30 度（等效装甲厚度约为 90 毫米）。

换装了 75 毫米 KwK 40 L/43 火炮的四号坦克 F2 型很快定型为 G 型，与豹式中型坦克、虎式重型坦克协同作战。除了坦克性能以外，德军坦克的通讯能力远强于苏军，协同作战能力更强。在库尔斯克会战中，德军装备的这些坦克给苏军的 T-34/76 中型坦克造成了重大损失。

T-34/76 中型坦克 1942/43 年型

T-34/76 中型坦克 1942/43 年型沿用了此前型号的倾斜式装甲车体，在这一基础上更换了炮塔，新型炮塔采用六角形设计，这种炮塔采用均质钢铸造工艺。与前型号相比，这种炮塔内部空间有所增加，装甲厚度也增至 53 毫米。小幅度倾斜的炮塔装甲虽然加厚，但牺牲了抗弹外形，炮塔被命中时不易产生"跳弹"，只能通过装甲厚度进行"硬抗"。此外，T-34/76 中型坦克 1942/43 年型的炮塔比早期型坦克炮塔更高。

坦 克（一）

尺　　寸：	长 6.68 米，宽 3 米，高度不详
重　　量：	29800 千克
乘　　员：	4 人
续航里程：	300 千米
装甲厚度：	20~60 毫米
武器配置：	一门 76.2 毫米 F-34 坦克炮，两挺 7.62 毫米机枪
动力装置：	一台 V-2-34 V-12 柴油发动机，功率 500 马力
机动性能：	最大公路速度 49 千米 / 小时，涉水深 1.37 米，过垂直墙高 0.71 米，越壕宽 2.95 米
产　　地：	苏联

世界战车 World Fighting Vehicles

● T-34/76 中型坦克 1942/43 年型广泛装备苏军部队,投入数量多,使用广泛。因此,如今的人们能够在博物馆或影视作品中看到的苏军坦克大多是 T-34/76 中型坦克 1942/43 年型。作为第二次世界大战中苏军的主力装甲力量,无论是欧洲战场,还是亚洲战场,都能看到它的"身影"。

库尔斯克会战
——装甲战车的首次大规模交锋

1943年初，取得了斯大林格勒胜利后的苏军不断收复失地，但战线也越拉越长，兵力越来越分散。在进攻哈尔科夫时，德军抓住机会对苏军实施反攻，击溃了苏军进攻部队，使战线基本稳固。同时，德军计划以钳形攻势围歼库尔斯克突出部的苏军主力，以重新夺回战争主动权。

德军的进攻作战离不开坦克，此时德军装备的三号、四号坦克已换装长管火炮，能够击穿苏军T-34/76中型坦克的装甲，同时豹式中型坦克与虎式重型坦克的性能均优于苏军坦克。但因为接连的战损，东线德军能投入作战的坦克仅有近500辆，因此未能及时发动进攻。苏军趁此机会修筑防御工事，并调集部队，准备发动反攻。

1943年7月5日凌晨，库尔斯克会战在苏军火炮怒号中拉开了序幕。

战役初期，南线德军一路推进，苏军顽强抵抗，两军于普罗霍夫卡爆发了一场坦克遭遇战，由于此时的T-34/76中型坦克只有在几百米的距离内才能够击毁德军的豹式中型坦克与虎式重型坦克，因此发动冲锋让苏军损失了近400辆坦克，损失要大于德军。尽管苏军在坦克战中失利，但由于苏军预备队的支援，再加上德军的损失也使其未能攻占普罗霍夫卡。

北线德军的进攻同样迅猛，给苏军造成了巨大的损失，但苏军的抵抗同样迟滞并消耗了德军的进攻能力。到了7月10日，北线德军已无力进攻，转入防御。

随着美、英军队在意大利西西里岛实施登陆作战，德国不得不从东线抽调兵力支援意大利，本就丧失进攻能力的东线德军转入全面防御，彻底丧失了战争主动权；苏军则展开反攻，进入战略反攻阶段。

库尔斯克会战中，苏军坦克的巨大损失让苏联加快了坦克及装甲战车的升级与生产速度，比如T-34/85中型坦克、SU-100坦克歼击车等，以降低伤亡与损失。

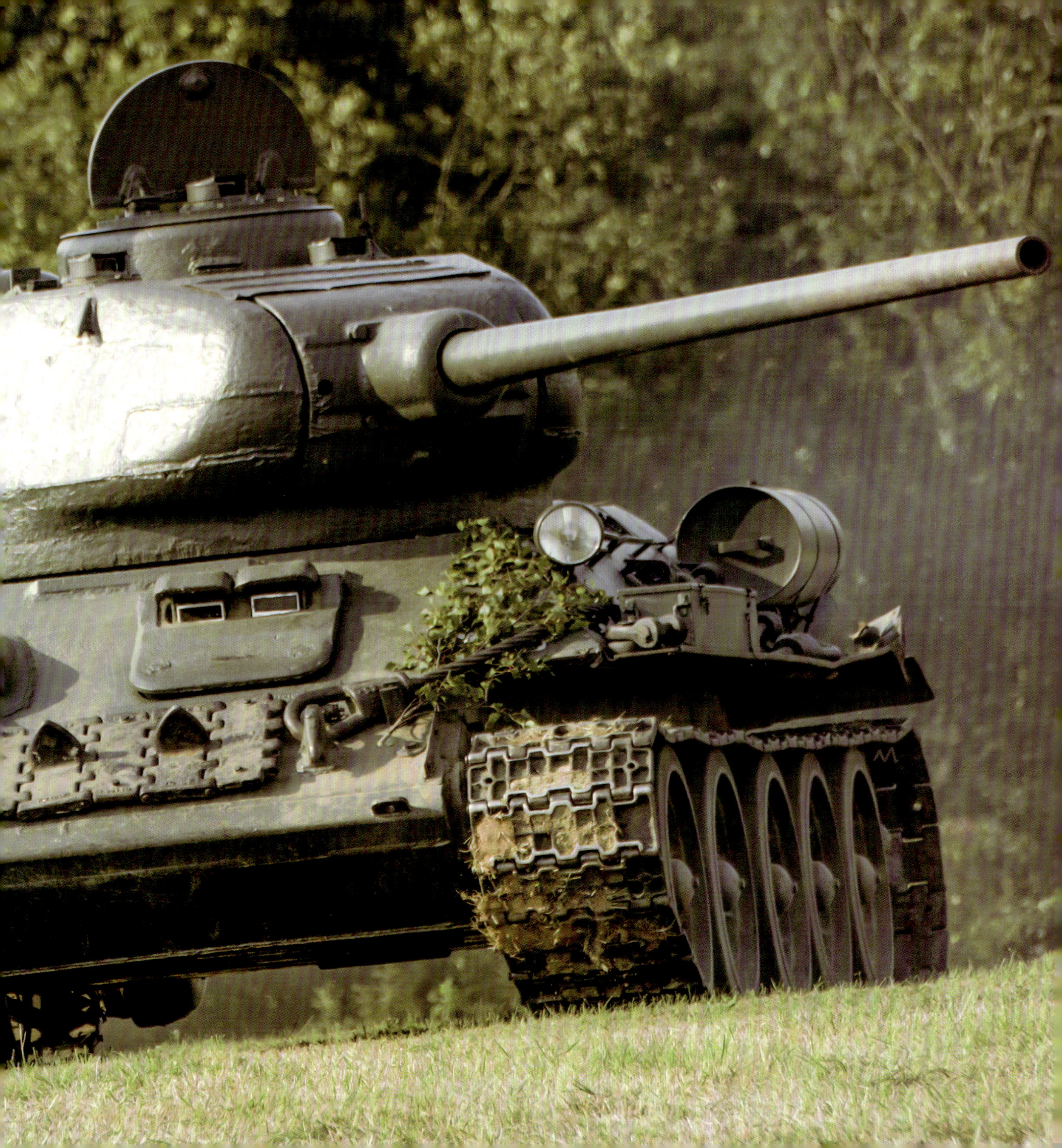

世界战车 World Fighting Vehicles

四号坦克 J 型

四号坦克 J 型是整个四号坦克系列中的最后一款量产型，于 1944 年、1945 年进行生产，此时第二次世界大战已进入尾声。苏军在东线发动大规模反击，1944 年 6 月盟军在诺曼底进行登陆并快速向法国内陆推进，因此四号坦克 J 型的生产过程被大幅简化，以便更快地投入战场。

坦 克（一）

尺　　寸：	长 7.02 米，宽 2.88 米（加装侧裙则为 3.3 米），高 2.68 米
重　　量：	25000 千克
乘　　员：	5 人
续航里程：	300 千米（公路），180 千米（越野）
装甲厚度：	20~80 毫米
武器配备：	一门 75 毫米 KwK L/48 火炮，火炮长 3.62 米；两挺 7.62 毫米 MG34 通用机枪
动力装置：	一台迈巴赫 HL 120 TRM 12 缸汽油水冷发动机
行驶速度：	最大公路速度 40 千米 / 小时
产　　地：	德国

豹式中型坦克

在面对T-34/76中型坦克攻势连连吃亏后，德军高层派出调查团抵达苏德战场前线，对接连让他们"折戟"的苏军坦克进行调查。调查发现，苏联T-34/76中型坦克采用76.2毫米火炮，无论破甲能力还是杀伤力均优于当时主流坦克的37~50毫米火炮。同时，倾斜装甲的设计有着更好的抗弹性，既有火力，又有防护，设计理念先进。为了能够在战场上克制T-34/76中型坦克，德国戴勒姆-奔驰公司与MAN公司开始新型坦克的设计。1942年5月，德国高层选中了MAN公司设计的样品，豹式中型坦克就此诞生。

坦 克（一）

尺　　寸：	长 8.86 米，宽 3.43 米，高 3.1 米
重　　量：	45500 千克
乘　　员：	4 人
续航里程：	177 千米
装甲厚度：	20~110 毫米（含炮盾）
武器配备：	一门 75 毫米 KwK 42 L/70 火炮，两挺 7.92 毫米 MG34 通用机枪
动力装置：	一台迈巴赫 HL 230 12 缸柴油发动机，功率 700 马力
机动性能：	最大公路速度 55 千米/小时，涉水深 1.7 米，过垂直墙高 0.91 米，越壕宽 1.91 米
产　　地：	德国

112　世界战车 World Fighting Vehicles

- 豹式中型坦克采用了不同于德国以往坦克的设计，比如车体采用倾斜装甲设计，宽大的履带能够在较为松软的地面上保持稳定与机动性。交错负重轮也让这款坦克识别度极高，交错负重轮有着越野性能好的优点，但缺点也很明显——结构复杂、不易维护。

坦 克（一）

世界战车 World Fighting Vehicles

● 最初，德军将豹式坦克命名为"五号坦克'豹'"（Panzerkampfwagen V Panther），制式编号为"SdKfz.171"。后来德军弃用"五号坦克"的命名，直接将这款坦克称为"豹式"。

坦 克（一）

虎式重型坦克

虎式重型坦克也称"虎Ⅰ坦克",是德国在1941年研制的一款重型坦克。这款重型坦克的德文命名为"Panzerkampfwagen VI Ausf. E Tiger",因此也称为"六号坦克",制式编号为"Sd.Kfz.181"。虎式重型坦克由德国亨舍尔公司(Henschel)进行设计,1942年8月进行生产,其厚重的装甲与强大的火力令人印象深刻,是第二次世界大战中最著名的坦克之一。

坦 克（一）

尺　　寸：	长 8.45 米，宽 3.73 米，高 3 米
重　　量：	57000 千克
乘　　员：	5 人
续航里程：	100 千米
装甲厚度：	15~100 毫米
武器配备：	一门 88 毫米 KwK 36 L/56 火炮，两挺 7.92 毫米 MG34 机枪
动力装置：	一台迈巴赫 HL 230 P45 12 缸汽油发动机，功率 700 马力
机动性能：	最大公路速度 40 千米 / 小时，最大越野速度 20 千米/小时~25 千米/小时，涉水深 1.2 米，过垂直墙高 0.79 米，越壕宽 1.8 米
产　　地：	德国

世界战车　World Fighting Vehicles

● 1942年下半年，虎式重型坦克被德军部署至东线战场。这款重型坦克能够在1600米的距离摧毁苏军装备的T-34/76中型坦克，而T-34/76坦克在使用HVAP弹时才能在500米内的距离击穿虎式重型坦克的侧面装甲，300米内击穿其炮盾。因此，虎式重型坦克整体性能强于苏军当时的主力型坦克。

坦 克（一）

● 虎式重型坦克比较经典的战例是盟军登陆诺曼底后爆发的波卡基村之战。在这场战斗中，德军军官米歇尔·魏特曼与其车组成员驾驶一辆虎式重型坦克，共击毁英军27辆坦克和其他战斗车辆，造成英军217人伤亡，可见当时虎式重型坦克的强悍。

世界战车 World Fighting Vehicles

● 虎式重型坦克机械结构精良,但生产工艺复杂,同时造价也很高,因此产量被大大限制。从1942年8月量产,到1944年8月停产,虎式重型坦克共生产1350辆。

坦 克（一）

T-34/85 中型坦克

当豹式中型坦克、虎式重型坦克被德军投入至东线战场后,苏军 T-34/76 中型坦克的 76.2 毫米火炮就显得有些"难以招架"。为了能够在战场上压制德军的新型坦克,苏军将 T-34/76 中型坦克进行升级,换装新型车体与炮塔,主炮更换为一门 85 毫米火炮,射击时炮口初速 797 米/秒,能够在 500 米内穿透虎式重型坦克的正面装甲。同时,T-34/85 中型坦克生产工艺简单,适合大量生产并装备,因此这款坦克共生产 48950 辆,是二战中生产数量最多的坦克。

坦 克（一）

尺　　寸：	长 8.15 米，宽 3 米，高 2.6 米
重　　量：	32000 千克
乘　　员：	5 人
续航里程：	320 千米
装甲厚度：	30~80 毫米
武器配备：	一门 85 毫米 D-5T L/53 火炮或一门 85 毫米 ZIS-S-53 火炮，两挺 7.62 毫米机枪
动力装置：	一台 V-2-34/V-2-34M 型发动机，功率 500 马力
机动性能：	最大公路速度 50 千米 / 小时，最大越野速度 30 千米 / 小时，涉水深 1.3 米，过垂直墙高 0.73 米，越壕宽 2.5 米
产　　地：	苏联

世界战车 World Fighting Vehicles

坦 克（一）

- T-34/85中型坦克从1943年12月开始量产，在1944年投入战场。这款坦克的使用使得苏军坦克在面对豹式中型坦克与虎式重型坦克时，不必再绕至德军坦克侧翼，并在相对近的距离内再进行射击。甚至，当时号称"动物园杀手"（德军坦克多以"虎""豹"等动物为命名）的SU-100坦克歼击车也是在T-34/85中型坦克的车体上加装了100毫米火炮发展而来，并在反重型装甲的战斗中立下了汗马功劳。

世界战车 World Fighting Vehicles

坦　克（一）

T-34/85 中型坦克

尺　　寸：长 8.15 米, 宽 3 米, 高 2.6 米
重　　量：32000 千克
乘　　员：5 人
续航里程：320 千米
装甲厚度：30~80 毫米
武器配备：一门 85 毫米 D-5T L/53 火炮或一门 85 毫米 ZIS-S-53 火炮，
　　　　　两挺 7.62 毫米机枪
动力装置：一台 V-2-34/V-2-34M 型发动机，功率 500 马力
机动性能：最大公路速度 50 千米 / 小时，最大越野速度 30 千米 / 小时，
　　　　　涉水深 1.3 米, 过垂直墙高 0.73 米；越壕宽 2.5 米
产　　地：苏联

虎式重型坦克

尺　　寸：长 8.45 米, 宽 3.73 米, 高 3 米
重　　量：57000 千克
乘　　员：5 人
续航里程：100 千米
装甲厚度：15~100 毫米
武器配备：一门 88 毫米 KwK 36 L/56 火炮，两挺 7.92 毫米 MG34 机枪
动力装置：一台迈巴赫 HL 230 P45 12 缸汽油发动机，功率 700 马力
机动性能：最大公路速度 40 千米 / 小时，最大越野速度 20 千米 / 小时 ~25 千米 / 小时，
　　　　　涉水深 1.2 米, 过垂直墙高 0.79 米, 越壕宽 1.8 米
产　　地：德国

坦 克（一）

与T-34/85中型坦克的其他型号相比，使用新型炮塔的T-34/85中型坦克乘员增加了一名装填手，提升了坦克的作战效能。虽然单车性能不如虎式重型坦克，但T-34/85已能够对虎式重型坦克造成威胁，基本终结了1943年德军装甲力量"一家独大"的状况。

面对T-34/85中型坦克，虎式重型坦克"占便宜"的情况已经不多见，这是由于坦克通常不会单车作战。T-34/85中型坦克机动性能与火力不输于虎式重型坦克，集群作战时优势更为明显。面对数倍于己的苏军坦克的围剿，德军的虎式重型坦克往往难以招架。

豹Ⅱ中型坦克

1943年2月，在豹式中型坦克正式投入使用前，德军高层就计划对这款坦克进行升级，新的升级型号被定名为"豹Ⅱ"。在这款坦克的设计理念中，豹Ⅱ中型坦克需要与新型的"虎王"重型坦克协同作战，形成中型与重型的搭配，因此豹Ⅱ中型坦克被要求与"虎王"重型坦克有着极高的零件互换性，其中包括刹车系统、悬挂系统、履带，以及车轮。同时，在计划中豹Ⅱ中型坦克搭载88毫米KwK 43 L/71火炮，车体正面装甲100毫米，侧面装甲60毫米，动力系统为一台功率900马力的迈巴赫HL234发动机，以利用这款坦克的强悍性能在战场上取得压倒性优势。

坦 克（一） 131

世界战车 World Fighting Vehicles

- 当时豹 II 中型坦克的设计理念很先进，但为了能让豹式坦克的生产数量尽快形成战斗力，德国军备部还是将主要资源投入至豹式坦克的生产。再加上以当时的技术条件难以达成所有预期目的，因此在 1943 年 5 月，豹 II 中型坦克的设计计划被无限期推迟。

坦 克（一）

● 当时 MAN 公司生产出了豹 II 中型坦克的样车，虽有底盘但无炮塔。这辆样车后来被美军俘获并运送回美国，在加装了一个豹 G 中型坦克的炮塔后，便放置在巴顿博物馆展览至今。

世界战车 World Fighting Vehicles

- 在豹Ⅱ中型坦克的设计与生产计划无限延迟后,德军于1943年11月开始了豹式中型坦克的升级计划,并预定在1945年4月生产新型号的豹式坦克,这款坦克被称为"豹F中型坦克"。豹F中型坦克的炮塔采用窄炮塔设计,较此前豹式中型坦克的炮塔尺寸有所缩小(减小了受弹面积)。当然,随着1945年德国的战败,豹F中型坦克仅生产出样车,并未进行量产及投入使用。

坦 克（一）

IS-2 重型坦克

IS-2 重型坦克是苏联在 1944 年开始投入使用的一款重型坦克,这款坦克也称"约瑟夫·斯大林 2 型",是苏军在第二次世界大战后期的重型主力坦克。与苏军此前装备的 KV 系列重型坦克相比,IS-2 重型坦克有着更厚的装甲与更快的速度,同时,一门 122 毫米火炮能够击穿当时德军重型坦克的正面装甲,是二战后期地面装甲力量的王牌之一。1945 年,IS-2 重型坦克更是向柏林进军中的先锋,且在二战结束后的十年中仍是极具威慑力的坦克。

坦 克（一）

尺　　寸：	长 9.9 米，宽 3.09 米，高 2.73 米
重　　量：	46000 千克
乘　　员：	4 人
续航里程：	240 千米
装甲厚度：	30~120 毫米
武器配备：	一门 122 毫米 D-25T 火炮，一挺 12.7 毫米重机枪，两挺 7.62 毫米轻机枪
动力装置：	一台 V-2-IS（V-2K）V-12 柴油发动机，功率 600 马力
机动性能：	最大公路速度 37 千米/小时，过垂直墙高 1 米，越壕宽 2.49 米
产　　地：	苏联

世界战车 World Fighting Vehicles

- IS-2 重型坦克在入役后主要分配给苏军近卫重装甲部队进行使用。在战斗中，这款重型坦克能够在 1500~2000 米的距离抵御德军 88 毫米坦克炮的直射，防御性能良好。同时，122 毫米火炮能够在 1000 米内的距离击穿 160 毫米厚的均质装甲，火力凶猛。

坦 克（一）

● 在 1944 年 8 月的一次战斗中，苏军的 IS-2 重型坦克与德军虎王重型坦克狭路相逢，展开了激烈的战斗。在这次战斗中，苏军取得摧毁 4 辆虎王重型坦克，击伤 7 辆虎王重型坦克的战果。同时，在战斗中有 3 辆 IS-2 重型坦克被摧毁，7 辆 IS-2 重型坦克被击伤。总体而言，1944 年的苏军在面对德军的重装甲部队时，已能够做到势均力敌。

140 世 界 战 车 World Fighting Vehicles

坦克（一）

- IS-2重型坦克有着火力强、装甲厚，以及机动性良好的优点。但是，这款坦克也存在火炮射速较慢的缺点，每分钟仅能够发射2~3发炮弹。同时，这款坦克的备弹只有28发，需要及时补给才能进行连续作战。

- 二战末期，苏军坦克的炮塔上经常涂有一条白线。采用这样明显的标识目的在于，防止美军、英军战机的误炸。

图书在版编目（CIP）数据

世界战车.坦克.一/罗兴编著.--长春：吉林美术出版社，2024.4
ISBN 978-7-5575-8888-5

Ⅰ.①世… Ⅱ.①罗… Ⅲ.①战车-介绍-世界②坦克-介绍-世界 Ⅳ.①E923

中国国家版本馆CIP数据核字(2024)第079570号

世界战车 坦克 一
SHIJIE ZHANCHE TANKE 一

编　　著	罗　兴
责任编辑	陶　锐
开　　本	720mm×920mm　1/12
印　　张	12⅔
字　　数	63千字
版　　次	2024年4月第1版
印　　次	2025年5月第2次印刷
出版发行	吉林美术出版社
地　　址	长春市净月开发区福祉大路5788号
	邮编：130118
网　　址	www.jlmspress.com
印　　刷	吉林省吉广国际广告股份有限公司

ISBN 978-7-5575-8888-5　　　定价：58.00元